꼼지락 이주부의

내 손으로 하는
홈 스타일링

| 만든 사람들 |
기획 실용기획부 **| 진행** 한윤지·장소영 **| 집필** 이애경 **| 편집·표지 디자인** D.J.I books design studio

| 책 내용 문의 |
도서 내용에 대해 궁금한 사항이 있으시면
저자의 홈페이지나 아이생각 홈페이지의 게시판을 통해서 해결하실 수 있습니다.

아이생각 홈페이지 www.ithinkbook.co.kr
아이생각 페이스북 www.facebook.com/ithinkbook
디지털북스 카페 cafe.naver.com/digitalbooks1999
디지털북스 이메일 digital@digitalbooks.co.kr
저자 이메일 aekyoung81@naver.com
저자 홈페이지 blog.naver.com/aekyoung81

| 각종 문의 |
영업관련 hi@digitalbooks.co.kr
기획관련 digital@digitalbooks.co.kr
전화번호 (02) 447-3157~8

꼼지락 이주부의

내 손으로 하는
홈스타일링

이애경 저

PART 1

PART 1

인테리어 준비

CONTENTS

PART 2

집 꾸미기

인테리어
준비

많은 사람들이 인테리어에 대한 고정관념을 가지고 있다. 공간에 대한 고정관념으로 변화를 시도하지 않고, 인테리어는 돈이 많이 들 거라는 생각으로 시도조차 하지 않는다.

하지만 인테리어는 생각하기에 따라서 적은 비용으로 손쉽게 할 수 있다.

우리 가족의 라이프 스타일에 맞는 우리 집만의 가구배치로 새로운 인테리어를 시도할 수도 있고, 오랫동안 사용했던 가구와 소품을 이동하는 것만으로도 전과 다른 분위기를 연출할 수 있으니 누구나 쉽게 할 수 있는 것이 인테리어가 아닌가 하는 생각이 든다.

막연하게 예쁜 집, 유행하는 스타일은 최고의 인테리어가 될 수 없다.

사람마다 취향이 다르고 스타일이 다른 만큼 좋아하는 것 또한 다를 테니, 누군가에게는 예쁜 집이 누군가에게는 불편하고 어색한 집이 될 수도 있다.

그렇기에 최고의 인테리어는 우리 가족의 삶이 녹아 들어있는 것, 취향이 반영된 것이 아닐까 생각한다.

집에 대한 가치가 올라가면서 집을 꾸미는 사람들이 증가하고, 집에서 보내는 시간이 늘어나고 있다고 한다. 그만큼 집은 이전과는 다른 의미를 지닌 공간이 되어가고 있다.

결혼을 하고 얻은 첫 번째 신혼집은 나의 기대를 산산이 무너트린 좁고 낡은 아파트였다. 신혼의 로망에 빠져있던 나에게 현실은 너무나 가혹했다. 25년 된 낡은 17평 아파트는 잡지에 나올법한 예쁘고 멋진 인테리어를 꿈꾸던 나의 기대를 무너트렸고, 현실의 벽과 마주서게 했다. 이 좁고 낡은 아파트에서 내가 할 수 있는 것은 아무것도 없다고 생각했고, 아무것도 하지 않은 채 일 년을 보냈다. 낡은 문, 성한 곳이 없는 싱크대, 기성 가구로 해결되지 않는 수납과 자투리 공간까지 일 년간 매일 불편했고, 불만 가득했고, 집에서의 시간이 행복하지 못했다.

그러던 어느 날 '나만의 집을 만들어보면 어떨까?' 라는 생각을 하게 됐다. 현실과 타협하지 않고, 남들이 정답이라고 이야기하는 방식을 따르지 않고 나만의 꿈이 있고, 이야기가 있는 그런 집을 만들면 어떨까 하는 생각을 하게 됐다. 그리고 실천에 옮겼다.

매일같이 스트레스를 안겨주던 낡은 욕실 문을 보수하고 페인트를 칠하는 것을 시작으로 싱크대와 방문을 리폼했고, 기성 가구 대신 세상에 하나뿐인 나만의 가구를 만들기 시작했다.

그렇게 내가 꿈꾸는 대로, 내가 원하는 대로, 나의 이야기가 담긴 집을 만들어 나갔다.

구입했던 가구들을 중고로 판매했고, 그것을 자본으로 집을 고쳤다. 전문가의 도움 없이 내 손으로 하나씩 천천히 그렇게 집을 바꿔나갔다. 조금 오래 걸렸고, 조금 힘들었고, 시행착오도 겪었지만 집은 점점 나만의 공간, 우리 가족의 공간으로 변화하고 있었다.

세상 그 누구도 만들어줄 수 없는 나의 이야기, 남편의 이야기가 담긴 그런 집이 완성되어 나갔다. 그리고 우리는 그 안에서 행복했다. 간혹 누군가는 그런 이야기를 한다. '힘들게 왜 고생을 하느냐'고. 우리는 힘들었지만 그만큼 행복했고, 지금도 행복하다.

집은 나에게 그런 의미였다. 내가 꿈꾸는 대로 그림을 그릴 수 있는 곳이며 그로 인해 나와 내 가족이 행복해질 수 있는 곳, 그것이 집이다.

내가 그랬듯 사람들은 각자 꿈꾸는 집이 있다. 그것을 실현하는 사람과 실현하지 못하는 사람이 있을 뿐, 누구나 꿈꾸는 집은 분명히 있다.

집을 꾸미는 일은 돈이 많아야 한다고, 혹은 시간이 많아야 한다고 이야기를 하며 나만의 집을 만드는 일을 포기하거나 미루지만, 곰곰이 생각해본다면 돈이 없어서도 시간이 없어서도 아닌, 마음이 없는 게 아닐까 생각해본다.

이 책을 읽는 사람들이 인테리어를 재미있게 여기길 바란다. 전문적인 지식을 쏟아내는 책이 아닌 가볍게 읽을 수 있는 책이 되기를 바라고, 그동안 가지고 있던 집에 대한 고정관념이 바뀌기를 바라고, 무엇보다 나도 한 번 우리 집을 바꿔볼까? 하는 생각이 들기를 바라며 글을 썼다.

집을 꾸미는 것이 사치가 아닌 나의 행복을 찾는 것, 우리 가족의 이야기를 만드는 것이라는 생각이 들기를 바란다. 그리고 이 책의 마지막 페이지를 넘길 때쯤이면 나만의 집을 만들고자 하는 욕망이 생기길 바라고, 욕망은 어느새 도전이 되어 나만의 집을 만드는 실천을 하길 바란다.

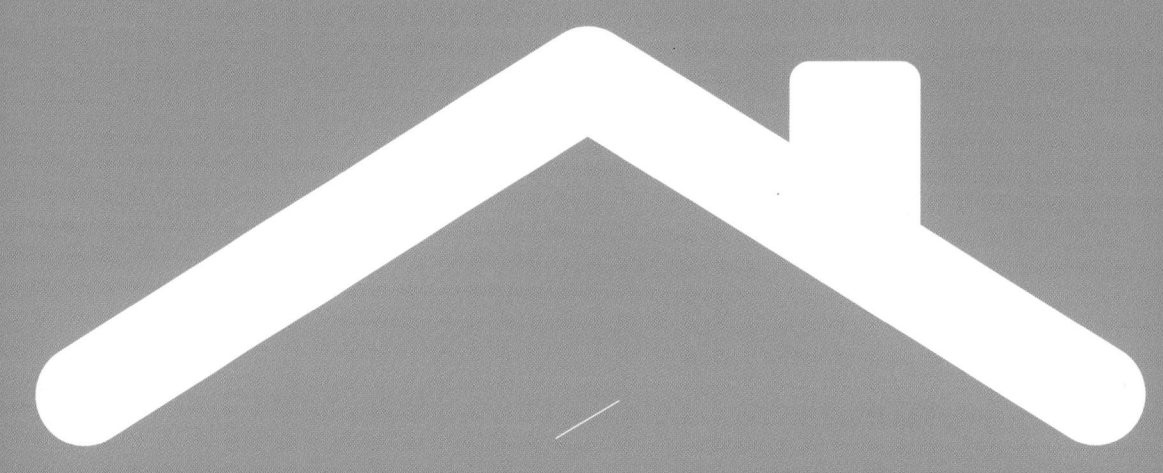

CHAPTER
01

왜 모든 아파트는
똑같은 인테리어를
할 수밖에 없을까?

공간에 대한 고정관념

우리나라 주거문화 중 가장 큰 비중을 차지하는 것이 바로 아파트일 것이다.

대부분의 사람들이 아파트에 거주하고 있고, 그 비율은 점점 늘어나고 있다. 나 역시 아파트에 거주하고 있다. 내가 살고 있는 아파트는 총 496세대가 거주하고 있는 곳이다. 이사를 하기 위해 아파트를 알아볼 당시 여러 곳의 아파트를 돌아다니는 대신 지금 거주하고 있는 이곳과, 또 하나의 아파트 두 곳을 중점적으로 알아보았다. 입지 조건과 평수, 가격이 우리 부부에게 가장 적합했기에 다른 아파트는 잘 살펴보지 않았다. 집을 알아볼 당시 부동산에서 전화가 오면 바로 달려가 집을 확인했었다. 한 아파트에서 층만 다른 여러 곳의 집을 방문할 때마다 집에 놓여있는 가구의 모양, 색감, 스타일은 모두 달랐지만 한 가지 동일한 것이 있었다. 바로 TV, 소파, 식탁, 냉장고, 침대 등 가구와 가전이 대부분 일정한 곳에 자리 잡고 있다는 것이다.

분명 그곳에 사는 사람들이 다르고, 라이프 스타일이 다름에도 불구하고 각각의 집마다 가구와 가전의 배치는 약속이나 한 듯 동일한 것을 보고 그 이유에 대해서 생각해보았다. 우리나라의 경우 아파트의 비율이 높다. 아파트란 공동주택의 양식 중 하나로, 5층 이상의 건물을 층마다 여러 집으로 일정하게 구획하여 각각의 독립된 가구가 생활할 수 있도록 만든 주거 형태를 말한다.

하나의 건물에 독립된 가구를 여러 개 만들어야 하는 아파트의 특성상 모든 공간은 일정하게 만들어질 수밖에 없다. 같은 곳에 방과 거실, 주방, 화장실이 위치하는 구조. 그렇다 보니 이에 맞추어 가구와 가전이 배치될 수밖에 없다.

여기까지 생각하면 공간이 같아도 이 안에서 다양한 방법으로 가구와 가전을 배치할 수 있지 않을까 생각이 들겠지만 이 또한 쉽지 않은데, 그것은 바로 콘센트의 위치 때문이다. 가전제품은 전기를 사용해야 하는 만큼 콘센트의 위치가 중요하다. TV를 설치할 때도, 냉장고를 설치할 때도 콘센트가 있는 곳에 따라서 설치장소가 결정된다. 그렇다 보니 거실장과 소파의 위치도 자연스럽게 결정될 수밖에 없다.

우리는 자연스럽게 여기고 있었겠지만 집의 구조, 그리고 콘센트의 위치가 우리에게 인테리어에 대한 고정관념을 심어준 것이다.

TV는 당연히 이곳에 위치해야 하며, 소파는 그 반대편에 위치해야 한다는 원리는 아무도 내게 강요하지도, 말로 표현하지도 않았지만, 집의 구조와 콘센트의 위치가 자연스럽게 만들어낸 고정관념이 아닐까 생각한다.

이렇게 따지자면 아마도 집에 대한 고정관념을 만든 사람은 집을 설계한 건축주가 아닐까 하는 생각도 해본다.

그렇다면 이 고정관념을 바꿔볼 수는 없을까?

아주 조금만 노력하면 고정관념을 바꾸는 것은 어렵지 않다. 콘센트의 위치에 대한 생각을 버리고, 집에서 가장 중요한 것은 기본 구조가 아닌 나와 내 가족이라고 생각한다면 말이다.

가구에 대한 고정관념

공간만큼이나 고정관념이 강한 것이 바로 가구가 아닐까 생각한다.

책상, 식탁, 거실장, 소파 등의 이름으로 이들의 역할이 결정되어 있기에, 그들의 역할에 대해 다른 생각을 할 필요가 없도록 만든다.

가구를 구입하기 위해 매장에 방문하면 직원이 다가와 묻는다. "어떤 제품이 필요해서 오셨나요?"라고. TV를 올려둘 가구가 필요해서 왔다고 이야기하면 직원은 너무나 자연스럽게 매장 내 거실장이 위치한 곳으로 손님을 안내한다. 그리고 그곳에 있는 여러 종류의 거실장을 보여주고 그 안에서 선택을 하도록 돕는다. 손님 또한 직원이 추천해준 몇 개의 디자인 중 하나를 고르게 된다. 더 이상 고려할 것도, 다른 방법을 생각할 필요도 없다.

가구의 경우 그들의 쓰임에 따라 이름이 붙여지다 보니 처음부터 역할이 정해져서 태어난다. 예전에 양반과 노비가 태어날 때부터 신분이 정해져 있던 것처럼 책상과 거실장도 태어날 때부터 정해진 역할이 있다. 하지만 꼭 이것이 정답일까 생각해본다.

거실장은 꼭 거실장의 역할만 해야 하는 것인지, 다른 가구가 거실장으로의 쓰임을 할 수는 없는지. 이름 안에 숨어있는 고정관념을 버리고 역할을 조금 다르게 생각해본다면 가구를 좀 더 다양하게 활용할 수 있지 않을까?

요즘은 6~8인용의 사이즈가 큰 식탁을 많이 사용한다. 사이즈가 큰 식탁의 사용 비율이 높아지는 데는 여러 가지 원인이 있을 텐데, 식구가 많은 경우도 있겠지만 밥을 먹는 용도만이 아닌 다양한 쓰임으로 식탁을 활용하기 때문이다. 차를 마시는 카페 테이블이 되거나 서재에 놓여 아이들이 공부하는 책상이 되기도 하고, 손님들과 파티를 여는 파티 테이블이 되기도 하는 등 많은 사람들이 식탁을 다양하게 활용하고 있다.

조금만 생각을 달리한다면 식탁뿐만 아니라 다양한 가구들의 역할에 대한 고정관념도 바꿀 수 있다.

그렇게 된다면 좀 더 실용적인 배치를 할 수 있고, 지금보다 다양하고 과감한 스타일을 연출할 수 있어 한 가구를 질리지 않고 오래 사용할 수 있게 된다.

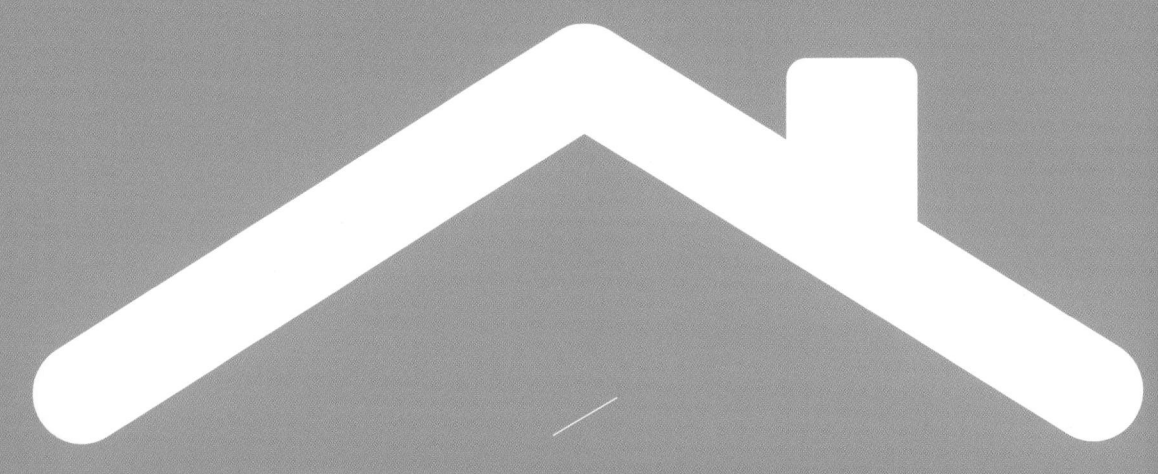

CHAPTER
02

같은 집
다르게
살아보기

내가 꿈꾸는 집 그려보기

대부분의 사람들이 인테리어를 어렵다고 생각한다. 나는 해본 적도 없고, 감각도 없고, 전문가가 아니기에 잘할 수 없다고 이야기를 한다. 그렇다 보니 내가 원하는 집을 구상하기보다는 다른 사람들의 집을 흉내 내거나, 다른 이가 추천해준 그대로 집을 완성한다.

인테리어는 정말 어려운 걸까? 내가 살고 싶은 집을 꾸미는 것이 정말 어려운 것일까? 한번 생각해보자. 나는 감각이 없고 인테리어를 잘 모르는 사람이지만 내가 살고 싶은 집은 분명 있을 것이다.

내가 좋아하는 것이 있고, 내 가족이 좋아하는 것이 있고, 내가 꿈꾸는 집이 있다면 그것들을 모아 우리 가족만의 이야기를 만들고 그 이야기를 인테리어라는 이름으로 표현하면 된다.

집에는 그 집에 살고 있는 사람들의 이야기가 담겨있어야 한다.

가정마다 구성원이 다르고, 그들의 성격과 라이프 스타일이 다르기에 각각의 집은 다른 특성을 가져야 한다. 나와 내 가족의 라이프 스타일에 맞춘 인테리어. 그것이 바로 최고의 인테리어라고 생각한다.

조금 예쁘지 않아도 되고, 남들이 보기에 좋아 보이지 않아도 된다. 그것이 나의 삶과 취향에 맞는다면 다른 이들의 눈치를 볼 필요가 없다. 내가 좋아하는 것을 개성으로 표현하면 된다.

그렇다면 내가 꿈꾸는 집을 그리는 방법은 무엇일까?

우선 집에 살고 있는 우리 가족에 대해서 생각해보자.

나는 무엇을 좋아하는지, 나의 아이들은 무엇을 좋아하는지를 생각해보는 것만으로도 큰 그림을 그릴 수 있다.

대부분의 사람들에게 거실을 그려보라고 하면 거실장 위에 TV가 놓여있고, 반대편에는 큰 소파가 자리하고 있는 모습을 그릴 것이다. 하지만 이것이 과연 정답일까?

TV를 좋아하는 가정이 있지만, TV보다는 책을 좋아하는 가정이 있다면 TV와 소파가 있는 거실은 정답일 수가 없다. 이들에게는 오히려 책장과 책상이 놓여있는 거실이 정답이 될 것이다.

그렇기에 집을 꾸미기 전에는 내가 좋아하는 것과 나의 배우자, 나의 자녀가 좋아하는 것이 무엇인지 생각하는 것이 중요하다. 내가 좋아하는 것이 녹아있는 집, 우리 가족의 라이프 스타일이 녹아든 집을 만들어 준다면 집은 단순히 먹고 자는 곳에서, 휴식처이자 아지트이며 세상에서 가장 편안하고 아늑한 공간이 될 것이다.

공간에 의미 부여하기

집에는 다양한 공간이 존재한다. 거실, 주방, 방, 베란다, 욕실 등 각각의 구분된 공간은 그에 맞는 역할을 하게 되는데, 단순히 역할에만 치중하기 보다 각 공간에 의미를 부여한다면 인테리어를 조금 더 쉽게 할 수 있다.

우리 집의 경우 방2, 거실1, 주방1, 욕실1 로 이루어진 25평 아파트이다.

집을 계약하고 인테리어 계획을 세울 때 가장 먼저 한 일 중 하나가 바로 공간에 의미를 부여하는 것이었다. 단순히 거실, 주방, 침실이라는 이름으로 정의하기보다는 ○○한 거실, ○○한 침실 등 공간마다 의미를 부여한 후 계획을 세워나갔다.

공간에 의미를 부여한다는 것은 단순히 의미가 있는 곳을 꾸미는 것이 아니라, 가구배치와 스타일, 전체적인 컬러까지 결정지을 수 있는 중요한 부분이기에 그 역할이 매우 크다.

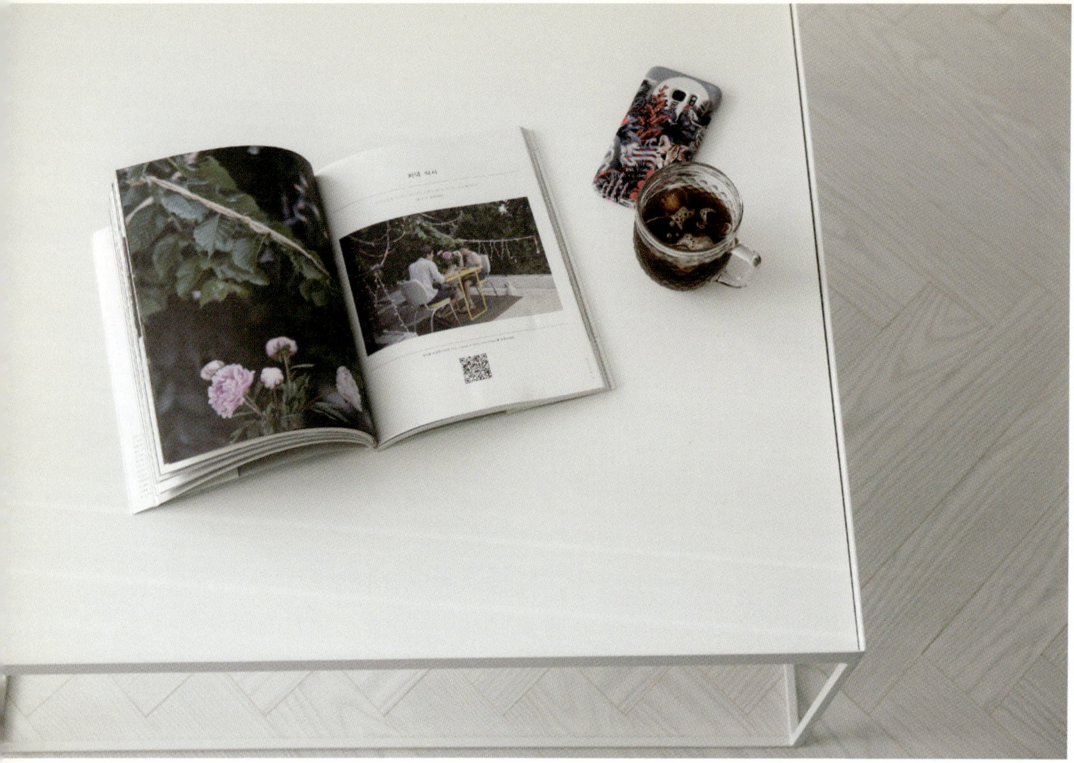

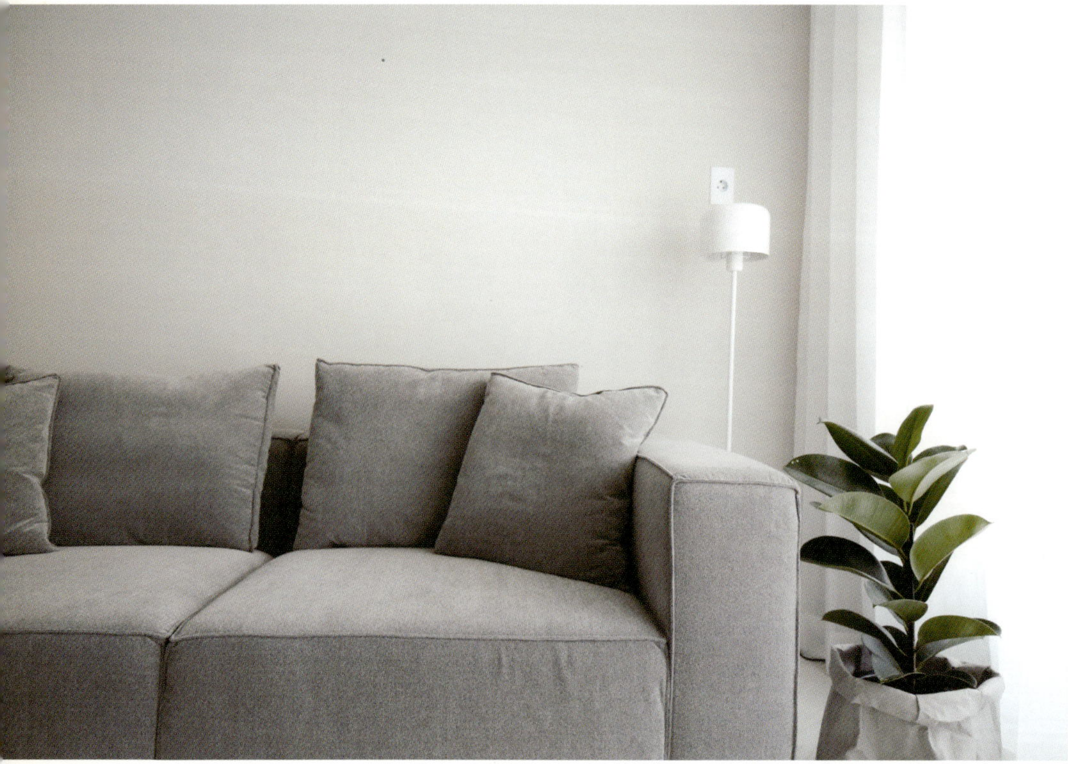

'휴식을 위한 아늑한 거실'로 거실에 의미를 부여했다면 따뜻한 색채의 컬러를 사용하고, 그에 맞는 가구를 선택할 것이다. 휴식을 취하기에 좋은 편안한 소파가 필요하고, 아늑함을 더해줄 분위기 있는 조명, 휴식 시간을 함께할 책과 음악이 있는 공간으로 꾸며주면 된다. 단순히 공간에 의미를 부여해주었을 뿐인데 가구의 컬러와 조명, 그리고 그 외 필요한 소품들까지도 결정되는 것을 볼 수 있다. 이렇게 공간을 꾸며준다면 생각보다 쉽게 인테리어를 할 수 있을 뿐 아니라 완성된 후의 만족도가 매우 높아진다.

만약 이러한 준비 없이 공간을 꾸몄다면 내가 원하는 공간에 대한 아쉬움이 남을 것이며, 생활함에 있어서 많은 불편함을 느낄 것이다.

요즘은 저렴한 가구들이 많이 판매되고 있기에 가구 구입을 좀 더 쉽게 할 수는 있지만, 가구는 한 번 구입하면 바꾸는 것이 쉽지 않다. 그렇기에 처음부터 계획을 잘 세워서 구입하는 것이 가구를 오랫동안 잘 사용할 수 있는 방법이다.

우리 집 침실은 '오직 수면을 위한 공간'으로 의미를 부여했었다.

남편과 나는 수면 패턴이 다르다. 직장에 다니는 남편은 일찍 잠들고 일찍 일어나 회사에 출근한다. 그와 달리 프리랜서로 일하는 나는 새벽에 일을 하는 경우가 많아 늦게 잠이 들고 늦게 일어난다. 그렇기에 두 사람 모두 편안하고 충분한 수면을 하기 위해서 침실은 오직 수면을 위한 공간이 되어야만 했다.

수면을 위한 공간인 만큼 침실에는 침대를 제외한 나머지 가구들을 최소한으로 배치하고자 노력했다. 침실에 옷장을 두지 않고 별도로 드레스 룸을 만들었다. 드레스 룸이 따로 존재함으로써 남편은 출근 준비를 하며 내가 잠이 깰까 신경 쓰지 않아도 되었고, 나는 늦은 시간 남편의 잠을 방해하며 잠옷을 갈아입지 않아도 되었다.

단순히 침실이라는 이름으로 인테리어를 하는 것이 아니라 '오직 수면을 위한 공간'이라는 의미를 부여하며 인테리어를 했기에 남편과 나 두 사람 모두를 위한 침실이 완성되었고, 그만큼 만족도는 높았다.

간혹 지인들이 방문할 때면 침대 외에는 별다른 가구가 보이지 않는 침실을 보며 허전함이 느껴진다고 이야기를 했다. 여백이 많았던 공간이 다른 이들의 눈으로 볼 때는 당연히 허전해 보일 수 있었을 것이다. 하지만 우리 부부에게는 그 어떤 공간보다도 만족도가 높았다.

시간이 지나면서 공간에 다른 의미를 부여하고 싶을 때가 있다. 나도 침실에 새로운 의미를 부여하고 싶어졌고, 그에 맞게 인테리어에 변화를 주었다.

한 번 의미를 부여했다고 하여 그 의미를 오랫동안 유지할 필요는 없다. 인테리어를 바꾸고 싶다거나 라이프 스타일이 변화했다면 공간에 의미를 다시 부여하고, 그에 맞게 계획을 세워 바꿔주면 된다. 의미가 부여된 만큼 조금 더 쉽고 완성도 있는 공간을 만들 수 있을 것이다.

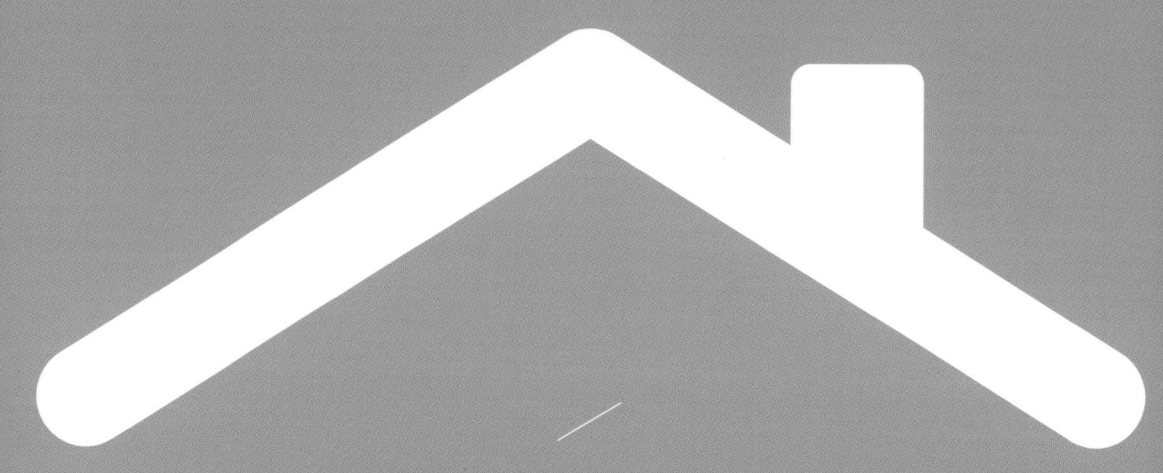

인테리어
계획
세우기

컨셉 잡기

인테리어를 하기 위해서는 컨셉을 잡아야 한다.

여행을 가기 전 꼼꼼히 계획을 세우는 것처럼 인테리어를 위해서도 계획을 세워야 하는데, 인테리어 계획의 시작이 바로 컨셉을 잡는 것이다.

애써 구입한 가구나 소품이 우리 집 인테리어와 어울리지 않는 경험이 한 번쯤 있을 것이다. 매장이나 온라인에서 봤을 때는 예뻐 보였던 제품이 막상 우리 집에는 어울리지 않아 애물단지가 되는 경우가 종종 있는데, 이는 컨셉 없이 물건을 구입했기 때문이다.

컨셉 없이 물건을 구입하면 매번 컬러와 스타일에 대한 고민으로 이어지고, 결국 우리 집이 아닌 매장과 어울리는 예쁜 제품을 구입하게 된다. 이 경우 매장과 집의 인테리어가 다르기 때문에, 매장을 보고 구매한 제품이 집과 어울리지 않는 참사가 발생하기도 한다.

이처럼 인테리어를 시작할 때 컨셉을 잡는 것은 그 어느 것보다 중요하다. 컨셉을 잡은 후 물건을 구입한다면 스타일과 컬러에 대해 고민할 필요가 없기 때문에 물건 구입 시 고민의 시간을 줄일 수 있고, 구입 후 실패할 확률이 줄어든다. 특히 가구는 소품과 달리 한 번 구입하면 교환과 환불이 어렵기에 신중하게 선택해야 하므로, 미리 정확한 컨셉을 잡고 구입을 하는 것이 좋다.

그렇다면 컨셉을 어떻게 잡아야 할까?

보통 컨셉을 잡기 위해서는 스타일과 컬러를 생각해야 한다. 스타일을 먼저 선택한 후 컬러를 결정할 수도 있고, 컬러를 결정한 후 스타일을 선택할 수도 있다. 두 가지 방법 모두 틀린 것이 아니기에 어느 것이 옳고 어느 것이 나쁘다고 할 수는 없다. 하지만 나의 경우 컨셉에 있어 컬러를 더욱 중요하게 여긴다. 컬러를 결정하는 것만으로도 스타일을 쉽게 선택할 수 있기 때문이다.

우리가 옷을 입을 때 머리에서 발끝까지 사용되는 컬러가 3~4개를 넘지 않는 것이 좋다고 이야기한다. 집 또한 한 공간에 여러 개의 컬러가 있는 것 보다는 3~4개 정도의 컬러를 사용하면 보다 안정감 있는 인테리어를 할 수 있다. 물론 3~4개의 컬러만을 사용해야 하는 것은 아니다. 메인이 되는 3~4개의 컬러에 포인트로 다양한 컬러를 사용하는 것도 좋다. 하지만 그것은 일단 메인 컬러가 정해진 후 생각해볼 문제다.

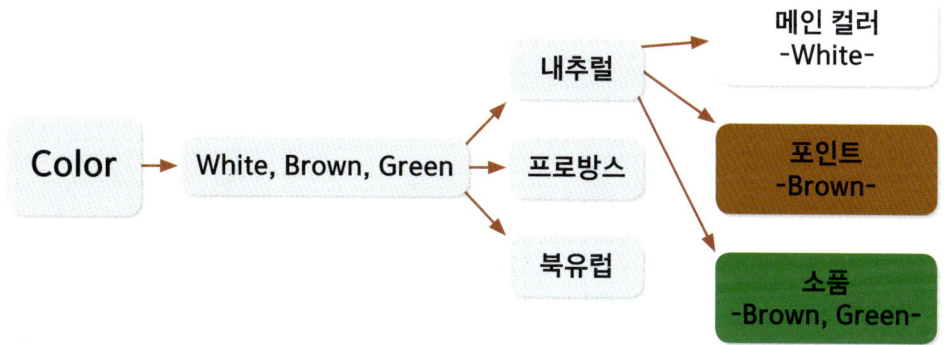

가장 먼저 우리 집에 사용하고 싶은 3~4가지의 컬러를 결정한다. 평소 내가 좋아하는 컬러가 될 수도 있고, 우리 집에 넣고 싶은 컬러가 될 수도 있으니 자유롭게 선택한다.

컬러가 정해졌다면 선택한 컬러를 이용하여 연출하고 싶은 인테리어 타입을 결정한다. [화이트 / 브라운 / 그린]으로 컬러를 결정했다고 예를 들어보자. 이제부터는 이 세 가지 컬러로 표현할 수 있는 인테리어가 무엇이 있을지를 나열해본다. 나무 등의 식물을 활용한 내추럴 인테리어, 남유럽 스타일의 포근함이 느껴지는 프로방스 인테리어 등 선택한 컬러와 어울릴만한 인테리어 스타일을 여러 개 나열해보고 그 중 내가 원하는 스타일로 결정한다.

내추럴 인테리어 ———

자연적인 느낌을 내기 위해 나무, 흙, 돌 등의
자연 소재를 사용한 인테리어. 인위적이지
않으며 있는 그대로의 자연미를 추구한다.

모던 인테리어 ———

현대적이고 도시적인 감각이 돋보이는 인테리어. 심플한 가구
배치로 간결하면서도 절제된 디자인이다.

인더스트리얼 인테리어 ———

산업과 공업의 의미를 담고있다. 산업화 당시를 연상하게 하
는 가구나 조명 등을 이용한 인테리어.

프로방스 인테리어 ———

프랑스 남동부의 옛 지역 이름으로 남유럽 스타
일의 포근하면서도 화사한 스타일의 인테리어.

[TIP]

단지 두 단계를 거쳤을 뿐인데 벌써 사용할 컬러와 인테리어 스타일까지 모두 결정되었다. 그렇다면 이제 남은 것은 컬러를 알맞게 사용하는 것인데, 이것은 컬러의 사용 비율을 정하는 것이다. 메인이 되어 가장 넓은 부분을 차지할 베이스 컬러와 메인 컬러와 함께 사용할 서브 컬러, 가장 적은 비중으로 사용될 포인트 컬러로 나눈다. 이때 결정되는 컬러의 비율에 따라 같은 공간도 전혀 다른 느낌으로 연출될 수 있으니 내가 원하는 스타일이 무엇인지 정확히 판단한 후 컬러의 비율을 정해야 한다.

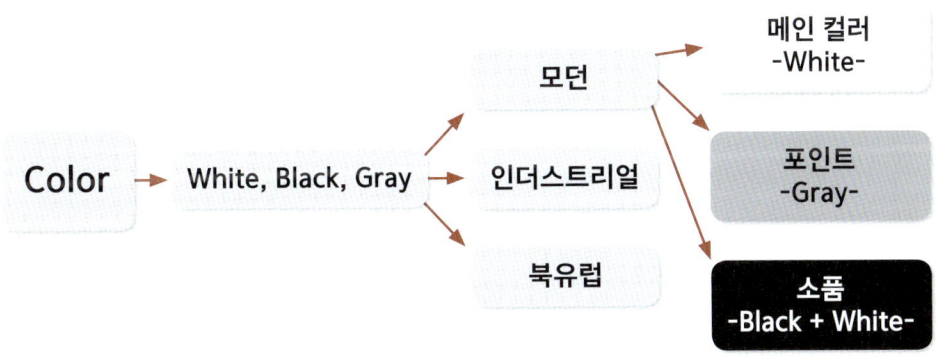

우리 집의 경우 화이트/그레이/블랙 3가지 색을 사용했다. 평소 무채색을 좋아해서 옷도 무채색으로만 입고 다니는 나이기에 집 또한 무채색으로 꾸며주는 것은 너무나 당연한 일이었다.

화이트/그레이/블랙으로 3가지 컬러를 결정한 후 인테리어 스타일에 대한 고민이 이어졌다. 3가지 컬러로 연출할 수 있는 인테리어 스타일이 무엇일지 고민을 해보니 모던 인테리어, 북유럽 인테리어, 인더스트리얼 인테리어 등이 있었다. 이 중 나의 취향과 가장 알맞은 것이 바로 모던 인테리어였기 때문에 나는 화이트/그레이/블랙 컬러를 사용한 모던 인테리어를 하기로 결정했다.

남은 것은 컬러의 비율을 결정하는 일이었다. 나는 평소 밝은 것을 좋아하기 때문에 화이트의 비율을 높여 집 안을 밝게 꾸며주고 싶었다. 화이트로 꾸며진 공간에 무게감을 주기 위해 그레이를 서브 컬러로 사용했고, 곳곳에 블랙으로 포인트를 주기로 결정했다.

여기까지 되었다면 컨셉 잡기는 모두 끝이 났다. 컬러와 사용 비율이 결정되었고, 인테리어 스타일까지 정했으니 이제 남은 것은 결정한 컬러에 맞는 가구와 소품을 구입하는 일이다.

가구, 소품 구입하기

인테리어 시장이 점점 확대되며 온라인과 오프라인에서 다양한 가구와 소품을 구입할 수 있게 되었다. 다양한 제품들이 판매되고 선택의 폭이 넓어진 만큼, 좋은 제품을 구입하기는 더욱 어려워졌다.

이 제품이 과연 우리 집에 어울릴까? 라는 고민을 하며 물건이 놓여진 모습을 상상하지만 생각만큼 쉽게 그려지지 않는다. 그렇다 보니 제품 구입 시 매장 내 인테리어의 영향을 많이 받게 되고, 매장 인테리어와 어울리는 제품을 구입하게 되는 경우가 많다. 하지만 매장과 우리 집의 인테리어는 달라도 너무 다르다. 예뻐질 모습을 상상하며 부푼 마음으로 구입해 온 물건은 집에 도착하는 순간 내 예상과는 전혀 다른 스타일을 보여주며 실망감을 주기도 한다. 애써 구입해온 물건이 애물단지로 전락하고, 나의 선택의 잘못이 아닌 물건 자체의 문제라고 결론을 내린다. 제품의 컬러가 촌스러워서, 디자인이 투박해서라며 합리화를 하게 되는데, 이상하게도 동일한 제품이 다른 집, 다른 공간에서는 조화를 이루고 인테리어를 완성해주는 것을 볼 수 있다. 그렇다면 이것은 물건의 문제가 아닌 나의 선택의 문제가 아닐까?

그렇다면 가구와 소품을 실패하지 않고 구입하려면 어떻게 해야 할까?

우선 위에서 이야기했던 것처럼 컨셉을 잡아야 한다. 만약 인테리어가 이미 완성되어 있다면 완성된 곳의 인테리어 컨셉을 찾아보는 것도 좋다.

가구를 구입하기 위해 매장에 방문하면 컬러에 대한 고민으로 많은 시간을 소모하게 되는데, 컨셉을 잡은 후 매장에 방문한다면 더이상 컬러에 대해 고민하지 않아도 된다. 이미 결정된 컬러 중 우리 집에 어울리는 스타일의 가구를 고르면 되기에 가구 구입을 보다 빠르고 정확하게 할 수 있고, 배송 후 집과 어울리지 않아 반품 또는 교환을 해야 하는 일이 줄어든다. 이처럼 인테리어 컨셉을 잡은 후 가구와 소품을 구입한다면 컬러와 디자인에 대한 고민이 적을 테지만, 그렇지 않은 경우라면 구매 시 많은 고민을 하게 된다.

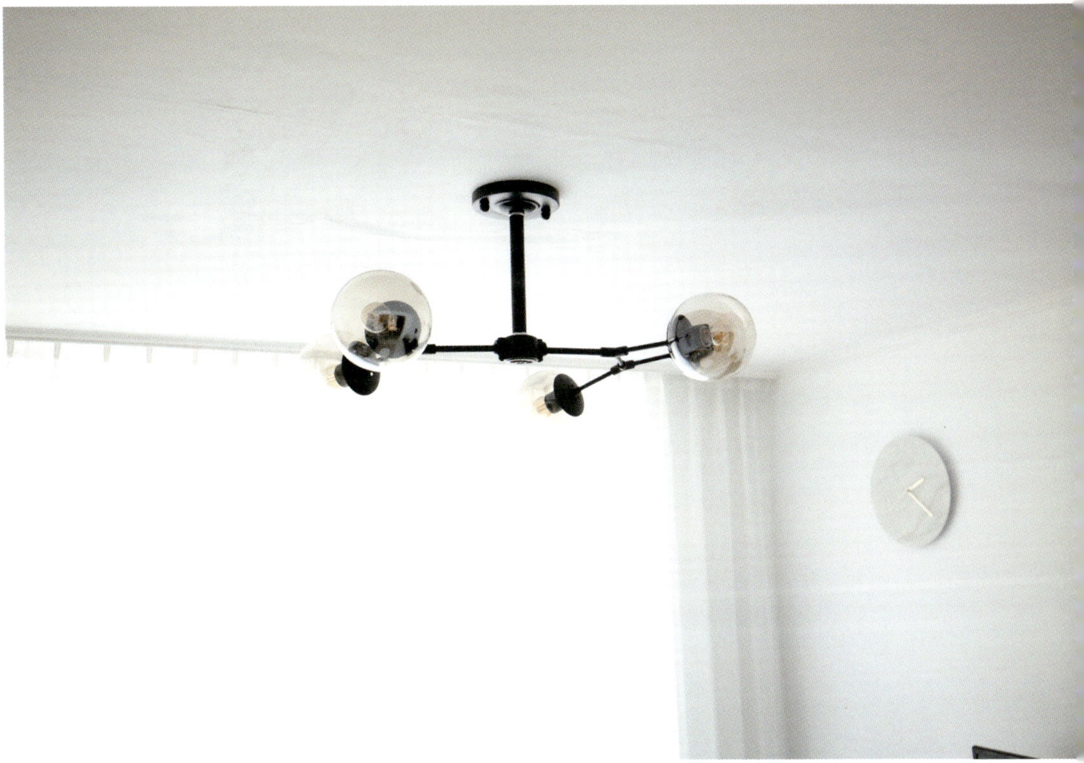

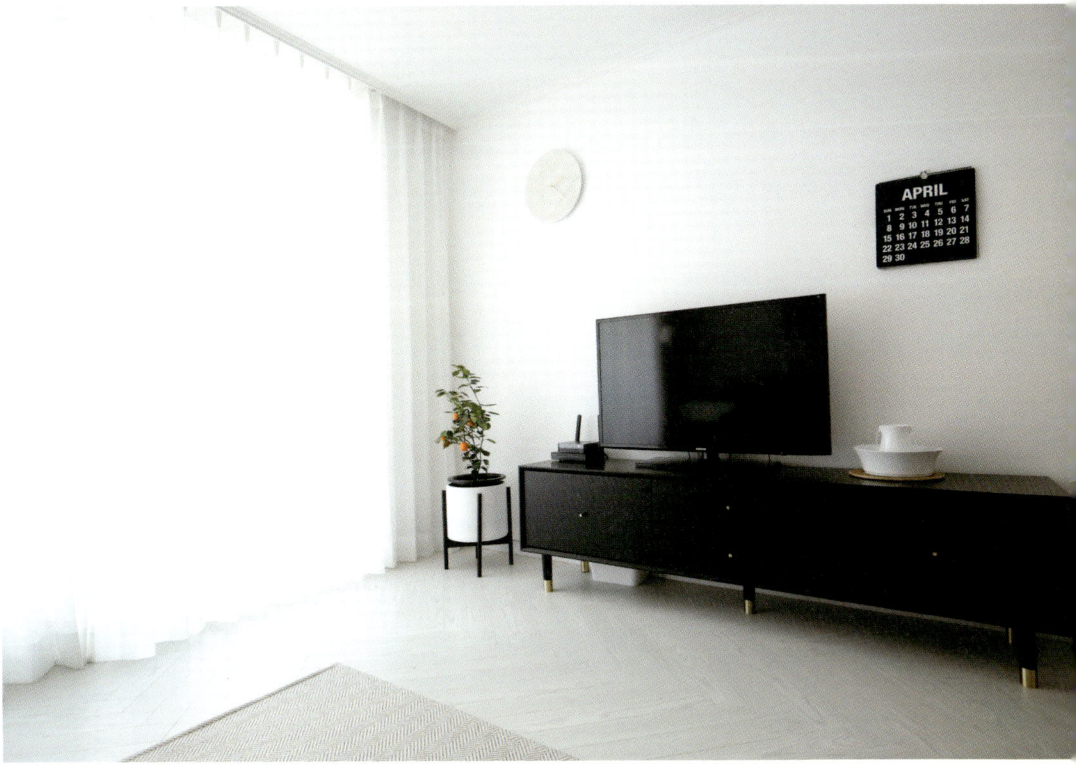
APRIL

나의 경우 컬러가 이미 결정되었으니 스타일만 잘 선택하면 되었는데, 모던 인테리어를 해야 하기에 가구는 최대한 심플한 디자인으로 선택했다. 또한 메인 컬러로 화이트를 선택했으니 벽지와 가구를 선택할 때 크게 고민할 필요 없이 대부분 화이트를 사용했다. 그리고 서브컬러로 사용될 그레이 색상의 가구와 침구를 구입했고, 포인트가 되어줄 블랙 컬러의 조명과 소품 등을 추가로 구입하여 인테리어를 완성했다.

인테리어를 시작하기에 앞서 컨셉을 잡아 주었기에 매번 물건을 구입할 때마다 고민의 시간이 줄어 들었고, 그만큼 인테리어를 쉽고 빠르게 진행할 수 있었다. 시간이 단축되었을 뿐만 아니라 완성도가 높아 인테리어가 끝난 후 만족도가 매우 높았다.

또한 아무런 컨셉 없이 꾸며져 있는 공간이라도 공간에는 주인의 취향이 반영되는 만큼 컬러와 패턴 등이 통일되는 것을 볼 수 있다. 내 공간에 어떤 컬러가 가장 많이 사용되었는지, 어떤 패턴을 사용했는지, 나는 평소 어떤 것을 선호하는지를 파악해보면 나의 인테리어 스타일을 정의 내릴 수 있다.

만약 중구난방으로 인테리어가 되어있는 경우라면 공간에서 가장 많이 사용된 컬러와 패턴들을 활용하여 인테리어를 통일해줄 수도 있기에, 공통된 컬러와 패턴을 찾아보는 일은 중요하다.

가구와 소품을 구입할 때 스타일만큼이나 중요하게 고려할 부분은 바로 소재이다.
소재를 통일해주면 보다 안정감 있는 인테리어를 연출할 수 있다. 소재를 고려하는 것은 특히 패브릭 제품을 구입할 때 중요하다. 패브릭은 소재에 따라 연출되는 분위기와 느낌이 달라지는 만큼, 인테리어 스타일에 어울리는 소재 선택은 매우 중요하다.

특히나 쿠션의 경우는 소파는 물론, 기존에 보유하고 있는 쿠션들과의 조화가 중요하기 때문에 쿠션을 믹스매치하는 것은 조금은 어려운 작업이다. 이때 손쉽게 스타일링하고 싶다면 기존의 쿠션들과 동일한 소재를 구입하면 도움이 된다.

린넨 쿠션을 주로 사용하고 있었다면 새로 구입할 쿠션 역시 린넨으로 소재를 통일한다. 포인트 쿠션을 구입하고 싶다면 린넨 원단에 무늬가 들어있거나, 컬러가 다른 쿠션을 선택하면 된다. 많은 사람들이 실수하는 부분이 바로 이 부분인데, 포인트 쿠션이라는 생각에 이전과는 전혀 다른 느낌의 쿠션을 구입하는 경우가 많고, 그렇다 보니 새로운 쿠션은 부조화를 이루게 된다.

인테리어 감각이 뛰어난 사람이라면 물론 다른 소재의 쿠션들을 조화롭게 믹스매치할 수 있다. 하지만 이제 막 집을 꾸미고자 시도하는 사람이라면 믹스매치는 꽤 어려운 일이 될 수밖에 없으니, 소재를 통일하여 보다 쉬운 방법으로 집을 꾸미는 것을 추천한다.

집
꾸미기

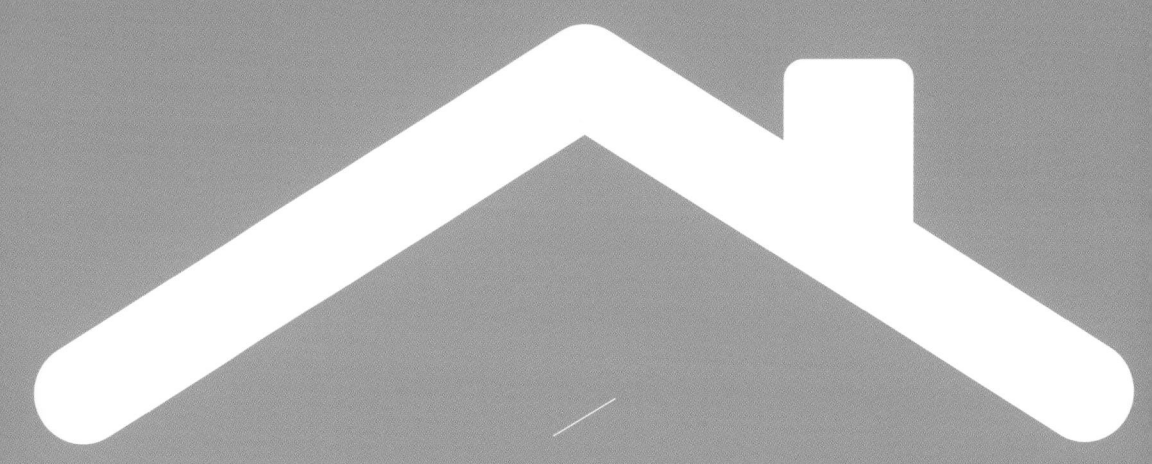

CHAPTER
04

거실

거실은 개인의 공간이 아닌 가족 모두를 위한 복합 공간이다. 그렇다 보니 가족 모두의 스타일과 의견이 반영되어야 하는데, 각자의 취향과 라이프 스타일이 다르다면 그 의견을 조율하기가 쉽지 않다. 그렇기에 거실 인테리어는 그 어느 곳보다 어려울 수밖에 없다. 문을 닫아두면 보이지 않는 방과는 달리 거실은 늘 오픈되어 있다. 그만큼 깔끔하게 유지하는 것이 쉽지 않은 공간이기에 더 많은 관심과 노력을 기울이게 된다.

거실은 그 집의 얼굴이라고 생각한다. 손님들이 방문하여 가장 많은 시간 머무는 곳이기 때문에 거실 인테리어만 제대로 해도 절반은 성공한 셈이라고 할 수 있다.

하지만 우리나라의 거실 인테리어는 획일화 되어있는 경우가 대부분이다. TV와 소파가 마주보고 있는 스타일이 대표적이라고 할 수 있는데, 열에 아홉 집은 대부분 이러한 가구 배치를 하고 있을 것이다. 하지만 조금만 생각을 바꾼다면 거실은 좀 더 다양한 스타일과 쓰임의 공간이 될 수 있다. 소파의 방향을 바꾸거나, TV를 거실에서 치운다거나 하는 사소한 행동들과 시도가 특별한 거실을 만들어줄 수도 있고, 우리 가족의 라이프 스타일을 반영한 가족 모두가 만족할 수 있는 거실을 완성시켜줄 수 있을 거라 생각한다.

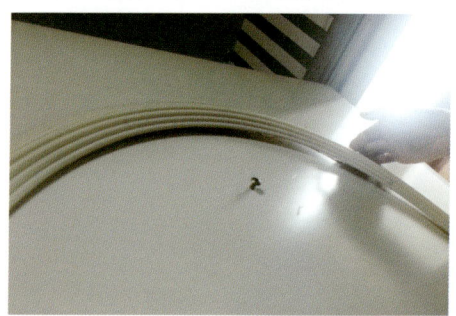

내생의 첫 번째 신혼집은 17평의 좁고 낡은 아파트였다. 넓고 예쁜 집에서의 신혼을 꿈꾸는 나에게 현실의 벽은 너무나 높았다. 집을 구하기 위해 부동산을 돌아다니고 어렵게 구한 신혼집을 처음 마주하던 날, 현관문을 열고 들어가는 순간 눈물이 왈칵 쏟아졌다. 불에 그을린 현관문, 문짝도 제대로 맞지 않는 싱크대, 군데군데 까지고 깨진 문과 문틀, 25년짜리 길다란 형광등까지 5분도 안 되는 시간에 나의 로망은 산산이 부서졌다. 17평 아파트는 방2, 주방1, 욕실1로 구성되어 있었다. 거실이라는 개념보다는 큰 방이라고 부르는 게 맞는 공간이 있었고, 침대 하나 겨우 들어갈 수 있는 작은 방이 있었다.

이때만 해도 나는 인테리어에 전혀 관심이 없었다. 가구에 대해서도 잘 알지 못했고, 인테리어를 하는 방식도 잘 알지 못할 정도로 인테리어 무식자였다.

좁은 집을 어떻게 해야 넓어 보이게 사용할 수 있는지, 어떻게 수납 문제를 해결할 수 있는지 등 아무런 지식도 없는 상태로 가구를 구입하기 위해 가구 단지를 방문했다.

제대로 된 실측도 하지 않은 채 인터넷 검색으로 찾아낸 아파트 도면 한 장을 달랑 들고 그렇게 가구 매장을 방문했다. 평소 무채색의 심플한 스타일을 선호하는 나는 무조건 흰색의 가구만을 고르려 했고, 반대로 남편은 원목 가구만을 고르려 했다. 둘의 스타일이 달라 한참 매장을 돌아다니다 화이트와 우드가 믹스된 가구를 발견했고, 책상과 책장, 화장대를 구입했다. 사이즈가 제법 큰 가구들이었지만 좁은 집이니 수납이 중요하다며 서랍이 많은 큰 사이즈의 가구들을 구입했다. 원래는 거실에 침대와 헹거를 설치하여 침실로 사용하려 했지만 현장에서 계획이 변경됐다. 작은 방은 서재 겸 놀이방으로 사용하고 큰 방은 침실 겸 거실로 사용하려 했으나, 가구점 사장님의 권유로 큰 방을 거실 겸 드레스 룸으로, 작은 방은 침실로 사용하는 것으로 결정됐다. 침대와 헹거를 설치하려 했던 큰 방은 거실로 사용하기 위해 헹거가 아닌 옷장을 구입하기로 계획이 변경되었고, 벽 길이에 맞는 10.5자의 옷장을 구입했다. 그렇게 한 매장에서 침대, 옷장, 화장대, 책상, 책장, 테이블을 구입했고, 온라인 쇼핑으로 TV장과 식탁을 구입했다.

가구가 배송오기 전 도배를 해야 했다. 빨간 꽃무늬와 블랙 스트라이프 벽지로 도배가 되어 있던 집을 하늘색 합지 벽지로 도배했다. 하늘색을 고른 이유는 결혼한 친구의 신혼집 하늘색 벽지가 예뻐 보여서라는 단순한 이유에서였는데, 도배지를 선택할 때 내가 원목 가구를 구입했다는 것은 잊고 있었다. 아니, 원목 가구를 구입했으면 하늘색 벽지를 하지 말았어야 한다는 생각을 전혀 하지 못했다는 게 맞는 말일 것 같다.

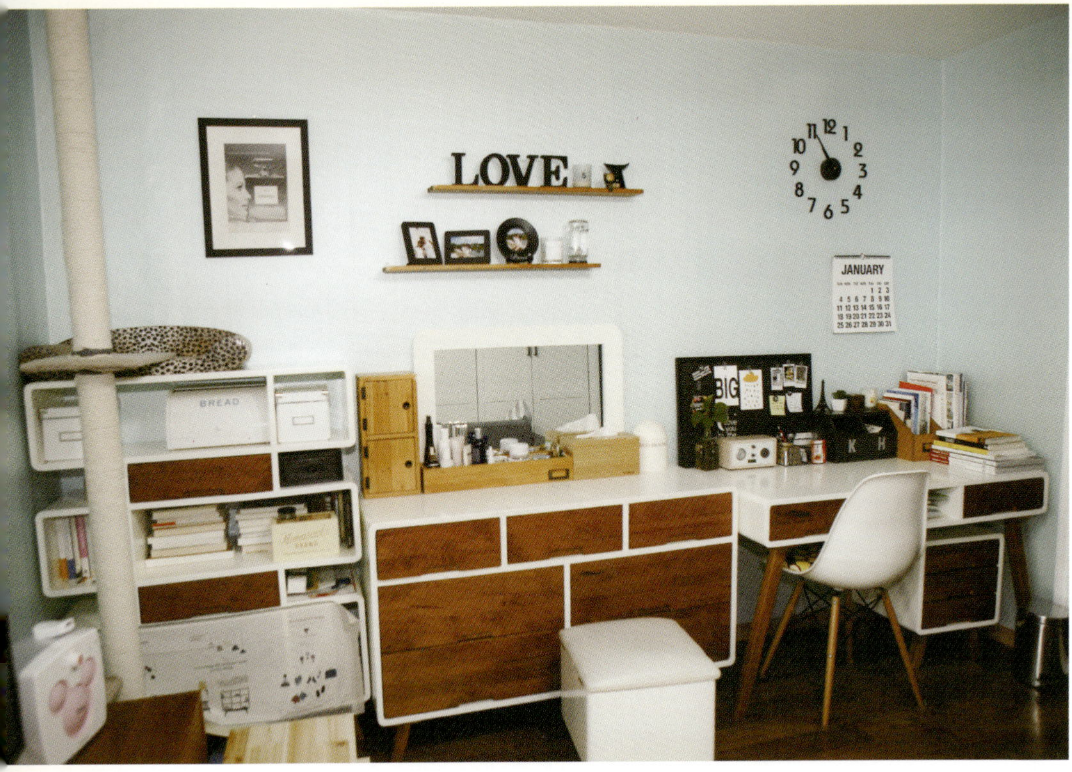
LOVE
JANUARY
BREAD
BIG
K
H

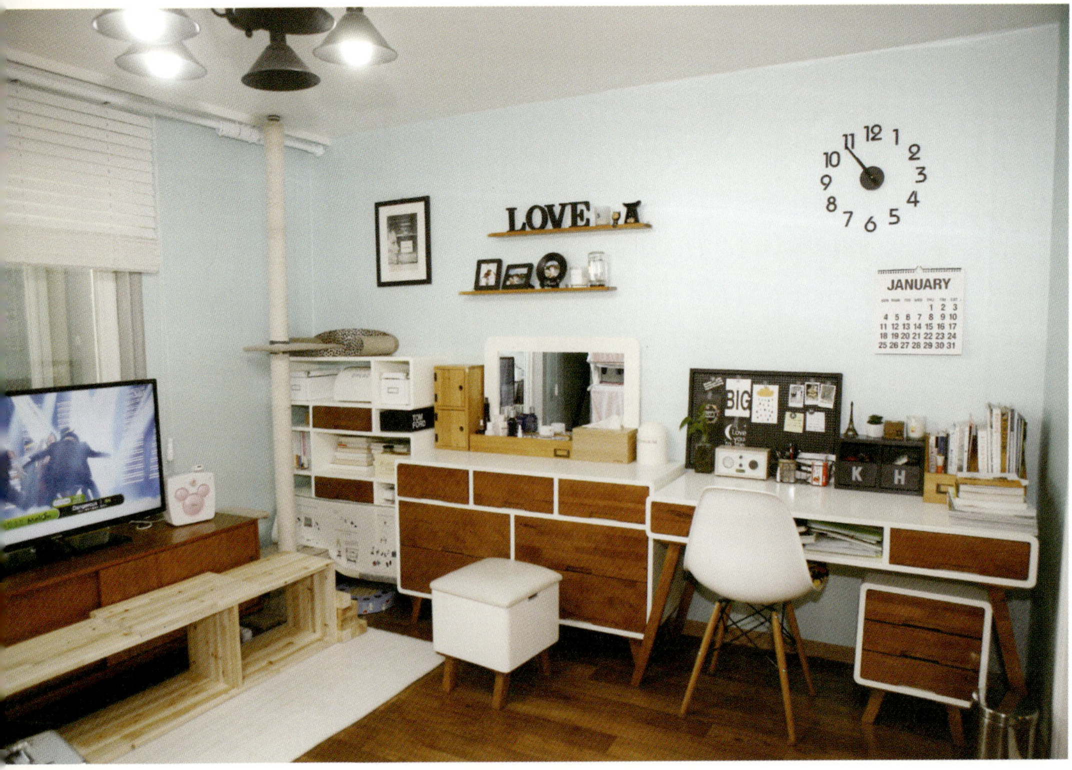
LOVE
JANUARY

도배가 끝나고 전보다 깔끔해진 모습에 기분이 좋았다. 그러나 이 기분은 오래가지 못했다. 잠시 후 주문한 가구가 배송되어 왔고, 하늘색 벽지 앞에 붉은 빛의 짙은 원목과 화이트 조합의 책상과 화장대가 놓여지는 순간 실수를 깨닫게 되었다.

붉은색 원목 가구는 하늘색과 어울리지 않는다는 것을 직접 눈으로 보고 나서야 깨달았다. (여기서 잠시. 원목 가구는 사용한 원목의 종류에 따라 컬러가 다르다. 노란빛을 띠는 원목이 있는 반면 붉은빛을 띠거나 짙은 밤색을 띠는 원목이 있는 등, 원목의 종류에 따라 컬러가 다르므로 원목 가구라고 하여 모두 같은 톤의 컬러를 가진 것은 아니다.)

분명 옷을 입을 때도 색의 조화를 생각하는데, 옷에서 집으로만 개념이 바뀌었을 뿐인데도 색의 조화를 전혀 생각하지 못한 내 자신에게 잠시 실망하기도, 어이가 없기도 했다.

하지만 더 큰 문제는 컬러가 아닌 사이즈였다. 17평의 좁은 집에 들어온 가구는 20~30평대에 들어갈법한 커다란 사이즈였고, 화장대와 책상, 책장이 세워지니 거실 한 면이 빈틈없이 채워졌다. 좁은 집에 큰 가구는 답답했고, 예상보다 수납은 되지 않았다. 충격이 가시기도 전에 TV장이 배송되어 오는데, TV장 역시 어마어마한 크기를 자랑했다. 역시나 20~30평대의 아파트에서나 사용할법한 큰 사이즈의 TV장까지 들어서니 가뜩이나 작은 거실은 더 작아 보였다. 나의 첫 번째 신혼집 인테리어는 시작부터 망했다.

그렇게 나의 신혼은 시작되었다. 부조화로 이루어진 공간이었지만 그래도 신혼의 즐거움 때문에 마냥 행복했다. 부조화로움 속에서도 열심히 집을 꾸며나갔는데, 솔직히 이때만 해도 어디가 어떻게 문제인지 정확히 파악하지 못했던 게 사실이다.

한동안은 소파 없이 지냈었다. 좁은 거실이라 소파를 둘 공간이 없다고 생각해 구입하지 않았는데, 막상 소파 없이 지내려니 불편한 점이 한두 가지가 아니었다. 소파를 구입하자니 거실이 좁고, 소파로 인해 옷장 문을 열기 어려울 것 같았다. 하지만 소파가 없이 생활을 하니 TV를 보거나 쉴 때 편히 앉아있을 만한 공간이 부족했다. 그렇게 해서 찾아낸 대안은 소파베드였다. 소파베드는 소파와 베드의 두 가지 기능을 갖고 있다. 평수가 좁은 집에서 공간을 효율적으로 사용하고 싶을 때 사용하면 좋은 아이템이다. 크기가 작아 공간을 많이 차지하지도 않았고, 무게가 가벼워 이동이 쉽기 때문에 옷장 문을 열고 닫는 데도 불편함이 없었다. 등받이가 있으니 딱딱한 벽에 기대어 앉을 일도 없어져서 소파베드를 구입하고는 한동안 편리하게 사용했었다. 특히나 집에 시부모님이라도 오시는 날에는 소파베드를 펼쳐 침대처럼 사용할 수 있어서 그만한 효자 제품이 없다고 생각했다. 소파베드는 좁은 집에서 가성비 좋게 사용할 수 있는 아이템이다.

신혼생활이 시작됐고, 블로그와 인테리어 카페 등을 보면서 세상에 예쁜 집이 너무나 많다는 것을 알게 됐다. 많은 자료들을 보면 볼수록 우리 집의 문제점들이 보이기 시작했지만 애써 구입한 가구를 처분할 수도 없고, 도배를 다시 할 수도 없으니 현실에 만족하며 사는 것밖에 방법이 없었다. 이때쯤 DIY라는 것을 시작했다. 버려진 깡통을 주워와 페인트를 칠하거나 시트지를 붙여 리폼했고, 자투리 나무에 어설프게 못질을 하며 작은 소가구를 만드는 등 조금씩 세상에서 하나뿐인 내 것을 만들기 시작했다. 그렇게 셀프 인테리어에 발을 들여놓게 되면서 이제 변화라는 것을 시작해보기로 마음을 먹었다.

기존 거실의 문제점은 첫째, 공간에 비해 큰 가구. 둘째, 컬러의 부조화. 셋째, 수납부족. 이렇게 정의 내릴 수 있었다. 이 3가지의 문제점을 해결하기 위해 벽지를 밝은 색으로 페인팅하고, 기존 가구를 처분하는 대신 우리 집에 맞는 맞춤형 가구를 제작하여 좁은 공간을 알차게 사용하며 수납까지 해결하기로 했다. 17평의 좁은 거실이지만 넓어 보이게 만들어주는 것이 이번 인테리어의 핵심이었다.

가장 먼저 해주었던 것은 베이스를 바꾸는 일, 바로 벽지 페인팅이었다. 화장을 할 때도 베이스가 가장 중요한 것처럼 집을 꾸미는 데 있어서도 베이스가 가장 중요하다. 베이스 컬러에 따라 집의 분위기가 좌우되고, 가구와 소품의 색과 스타일이 결정되는 만큼 베이스를 바꾸는 것은 가장 먼저 해야 하는 중요한 일이다. 벽지 위에는 화이트 컬러의 페인트를 칠하기로 했다. 좁은 집을 넓어 보이게 하기 위해서는 밝은 컬러를 사용하는 것이 좋다. 이때 벽과 천장의 컬러를 통일시켜주면 천장이 높아 보여 집을 넓어 보이게 하는 효과가 있다. 만약 천장 몰딩이 있다면 몰딩과 벽지의 컬러를 통일시켜주는 것만으로도 효과를 볼 수 있다.(몰딩은 페인트를 칠하거나 몰딩 시트지를 이용하면 쉽게 변화를 줄 수 있다.)

좁은 집을 밝고 넓어 보이게 하기 위한 가장 좋은 컬러는 화이트이다. 화이트는 확장성이 있기 때문에 동일한 면적의 공간을 더욱 넓어 보이게 하는 효과가 있어 좁은 집을 꾸미는 데 좋다. 또한 어떠한 컬러와도 조화를 이루기 때문에 추후 인테리어에 변화를 주기가 쉽고, 다양한 컬러를 사용한 인테리어가 가능하다.

기존의 하늘색 벽지에 흰색 페인트를 칠해주었다.

순서

❶ 보양작업을 한다.

❷ 젯소를 2회 칠한다.

　(이때 젯소는 벽지와 사용할 페인트 컬러에 따라 사용여부와 횟수를 결정한다.)

❸ 페인트를 2~3회 칠한다.

　(페인트는 2회 칠이 기본이며, 페인팅 결과에 따라 횟수를 늘린다.)

벽지 페인팅을 진행하면서 중문과 베란다 문도 함께 페인팅을 해주었다. 회색으로 되어있
던 중문과 아이보리 빛으로 되어있던 베란다 문을 화이트로 페인팅하니 문이 도드라지지
않고 벽과 자연스럽게 이어지는 느낌을 주었고, 자연스럽게 공간이 더 넓어 보였다. 좁은
공간일수록 문과 벽의 컬러를 통일시켜주면 문과 벽의 경계가 사라져 공간이 더욱 넓어 보
이는 효과가 있다.

좁은 집은 수납의 문제가 많다. 수납해야 할 살림은 많은데 수납할 곳이 부족하다 보니 자투리 공간이라도 허투루 버릴 수가 없다. 하지만 기성 가구들로는 자투리 공간이 생기지 않게 할 수도 없을뿐더러, 자투리 공간에 딱 맞는 가구를 찾는 것도 쉽지 않았다. 아무리 생각해도 기존에 사용하던 가구들은 사이즈가 너무 크고, 수납할 공간이 절대적으로 부족했다. 신혼 살림으로 장만한 가구들이기에 처분에 대해 깊이 고민하기도 했지만, 보다 효율적인 거실을 만들고자 가구들을 중고로 판매하고, 기성 가구를 사용하는 대신 우리 집에 맞도록 가구를 제작하기로 했다. 기존 가구를 판매한 금액으로 가구 제작에 필요한 재료들을 구입했다. 많은 사람들이 인테리어를 할 때 많은 비용이 든다고 생각하는데, 나의 경우 중고 판매금을 자본으로 인테리어를 진행했기에 많은 비용이 들지 않았다. 셀프 인테리어는 인건비가 들어가지 않고 순수하게 재료비만 들어가다 보니 아무래도 비용 절감 면에서 효과가 좋았다.

원하는 가구의 디자인을 스케치하고 사이즈를 결정하며 도면을 그렸다. 도면이라고 하면 어렵게 느껴지겠지만 나만 알아볼 수 있는 그림과 사이즈라면 어렵지 않게 그릴 수 있다. 도면을 그린 후 필요한 나무들을 재단 주문했는데, 그간 반제품으로 작은 소가구들을 제작 해본 경험이 있어서 필요한 사이즈의 나무를 주문하는 것은 어렵지 않게 할 수 있었다. 보통 가구 제작이라고 하면 다들 어렵게 생각한다. 가구 제작이라는 것이 결코 쉬운 일은 아니지만 그렇다고 어려운 일도 아니다. 조립 방법은 소가구와 대가구의 원리가 다르지 않기 때문에 작은 소가구 반제품 등을 이용하여 충분한 연습을 한다면 대가구를 제작하는 것 또한 수월하게 할 수 있다. 물론 더 많은 시간과 노력이 소요되고, 사이즈가 크면 클수록 힘도 많이 든다는 것은 어쩔 수 없다.

주문한 나무가 도착하고 본격적으로 가구 제작을 시작했다. 나무를 조립하고 페인트칠을 하며 책상과 수납장을 완성했다. 이때 책상과 수납장은 벽과 같은 화이트 컬러로 페인팅을 해주었다. 벽과 가구의 컬러를 통일하면 벽과 가구가 분리되어 보이지 않고 하나의 공간처럼 인식되기 때문에 공간을 넓어 보이게 하는 효과가 있다. 수납장과 책상의 높이도 통일했고, 수납장은 손잡이를 설치하는 대신 구멍을 만들어 손잡이 역할을 하도록 했다.

TV장도 동일한 방법으로 제작했다. 도면을 그리고 재료를 주문한 후 조립과 페인팅을 거쳐 심플한 TV장을 완성했다. TV장 역시 화이트 컬러로 페인팅하여 기존 가구와 통일감을 주었다.

가구는 최대한 심플하게 디자인했다. 평소 심플한 것을 좋아하는 나의 스타일이기도 하지만, 좁은 집일수록 포인트가 없는 심플한 가구를 사용하는 것이 공간을 넓어 보이게 하는 이유도 있었다. 확실히 가구가 바뀌니 기존보다 공간이 1.5배는 넓어 보이는 것 같았고, 무엇보다 부족하던 수납이 해결되어 너무나 만족스러웠다.

거실을 좀 더 거실답게 만들어주기 위해 소파를 구입하기로 했다. 사용하던 소파베드 역시 중고로 판매하고, 판매 금액에 조금 더 보태어 2인용의 작은 패브릭 소파를 구입했다. 소파가 들어오면 거실이 좁아 보일 거라 생각했었는데, 그간 거실 인테리어가 달라지고 난 후였기에 거실이 좁아 보이는 느낌을 받기보다는 이제야 거실다워진 느낌이 들었다.

신혼 때는 작은 평수의 집을 전세로 시작하는 경우가 많은데, 이 경우 고가의 가구를 구입하기보다는 비교적 저렴한 가구를 구입하는 것을 권한다. 추후 큰 평수로 이사를 가게 되면 기존에 사용하던 작은 가구들은 사이즈가 맞지 않아 사용하지 못할 수도 있어 새로 구입하게 된다. 그렇기에 신혼집을 전세로 시작하는 경우라면 고가의 가구보다는 비교적 저렴한 가구를 구입하는 것이 경제적이라 생각한다.

우리 부부는 거의 매일 TV를 시청하며 맥주와 야식을 먹었다. 맥주와 야식을 먹기 위해서는 테이블이 꼭 필요했는데, 이왕이면 좀 더 편하게 먹고 싶어 높이가 높은 소파 테이블을 사용했다. 소파 테이블은 심플한 디자인을 사용하였으며, 테이블 아래에는 러그를 놓아 포인트를 주었다.

17평 아파트에서 4년을 보낸 후 25평 아파트로 이사했다. 17평 아파트에서 지내던 시절 나에게는 집에 대한 몇 가지 로망이 생겼는데, 그 중 하나가 바로 독립된 거실이었다. 17평 아파트의 거실은 오피스 룸, 드레스 룸, 거실의 3가지 기능을 하고 있었는데 아무래도 불편함이 많았다. 특히나 내가 책상에 앉아 일을 하고 있을 때 남편이 보는 TV소리가 집중을 방해하는 경우가 많았기에 독립된 거실에 대한 로망이 매우 컸다. 그리고 또 하나의 로망은 바로 큰 소파였다. 2인용 소파는 앉아있는 것은 가능했지만 누워있는 것은 불가능했고, 저렴한 소파라 착석감이 좋은 편이 아니었기에 25평 아파트로 이사를 오면서 가장 신경을 많이 쓴 부분이 바로 소파였다.

나의 두 번째 신혼집은 23년 된 아파트로, 23년간 한 번도 리모델링이 되지 않은 곳이었다. 리모델링 이루어지지 않은 채 전세로 10년 넘은 세월을 지내온 집은 성한 곳이 한 군데도 없었다. 이 집으로 이사를 온 후 나의 셀프 인테리어는 정점에 이르렀을 정도로 안 해본 것 없이 많은 시도를 했다.

거실이라는 독립된 공간이 생기고 나니 가장 좋았던 것은 다양한 스타일로 거실에 변화를 줄 수 있다는 점이었다. TV가 있는 거실, 서재형 거실, 오피스형 거실 등 가구와 소품의 변화로 다양한 인테리어를 연출할 수 있었는데, '거실은 이러해야 한다'는 고정관념을 버리니 다양한 스타일의 거실을 만들 수 있었다. 여러 스타일대로 지내보면서 나에게 맞는 거실 모습을 찾아볼 수 있었으며, 같은 집에서 좀 더 새로운 하루하루를 보낼 수 있었다.

TV가 있는 거실

거실장 : 나이* – 듀마벨 브라스 1800

우리가 생각하는 가장 기본적인 거실 모습이 바로 TV가 있는 거실이다. TV가 있고 반대편에는 소파가 위치하고 있어 TV 시청에 최적의 환경을 제공한다. 대부분의 가정은 이러한 거실 모습을 하고 있는데, 아파트는 대부분 동일한 위치에 TV와 소파가 자리하고 있다. 앞에서도 이야기했듯이 이는 콘센트의 위치 때문인데, TV는 콘센트가 설치된 곳에 자리를 잡기 때문에 생각할 것도 없이 TV와 소파 위치가 결정된다.

TV가 있는 거실은 무게감이 느껴지는 인테리어를 연출하고 싶었다. 기존의 심플함은 그대로 가져가되 조금은 무게감이 느껴지게 연출하고 싶어 블랙 컬러의 거실장을 구입했다. 스탠드 TV를 올려둘 수 있도록 높이가 높지 않은 디자인으로, 거실 폭이 넓은 편이 아니기에 1800mm으로 선택했다. 공간에 여백을 만들어주면 동일한 공간도 더 넓어 보이는 효과가 있으니 집을 좀 더 여유 있어 보이게 하고 싶다면 여백을 넉넉히 주는 것이 좋다. 블랙 컬러의 거실장은 컬러가 주는 멋스러움이 있는 반면 관리가 어려운 단점도 있었는데, 무엇보다도 먼지가 잘 보인다는 것이 가장 신경이 쓰이는 부분이었다.

가구의 컬러마다 장단점이 있는데 흰색 가구는 오염에 약하다는 단점이 있고, 반대로 블랙 가구는 오염에는 강하나 먼지가 잘 보인다는 단점이 있다. 오염이냐 먼지냐의 문제는 구입하는 사람이 선택할 몫이었는데 난 먼지를 택했다.

어두운 컬러의 가구를 사용하면 거실에 무게감이 느껴지기도 하지만 자칫 차가워 보일 수 있다. 이럴 땐 벽이나 커튼, 러그 등을 활용하면 좋다. 커튼은 어두운 컬러보다는 밝은 컬러를 사용하는 것이 좋으며, 따뜻한 느낌이 드는 소재의 제품을 사용하면 좀 더 효과를 볼 수 있다. 린넨 소재의 화이트 커튼은 화이트가 주는 밝음과 린넨이 주는 따뜻한 느낌을 동시에 가지고 있는데, 린넨 커튼 사이로 은은하게 들어오는 햇빛은 분위기 있는 거실 연출을 도와준다.

커튼 : 아엠 * - 린넨 나비주름 커튼

어두운 톤으로 이루어진 거실에 린넨 커튼을 믹스하니 딱딱하거나 차가운 느낌 대신 따뜻하면서도 무게감이 느껴지게 연출할 수 있었다.

커튼을 구입할 때는 암막 커튼과 일반 커튼 중에서 고민을 많이 하게 되는데, 거실은 암막 커튼보다는 일반 커튼을 추천한다. 햇빛을 차단하기 위해 암막 커튼을 사용하면 한낮에도 조명을 켜야 하는 경우가 생긴다. 때문에 암막 커튼은 거실보다는 침실에 사용하는 것이 좋으며, 거실 등 채광이 필요한 공간에는 일반 커튼을 사용하여 채광과 사생활 보호, 인테리어라는 세 마리 토끼를 한 번에 잡는 것을 추천한다.

소파 : 세레스* - Cut sofa / Fin fabric #523

거실장 반대편에는 3인용 소파를 두었다. 소파는 짙은 그레이 컬러의 패브릭 소파를 구입했다. 남편과 나 그리고 고양이들이 함께 편안히 앉아 TV를 시청할 수 있는 크기로 구입했는데, 이 집으로 이사를 올 때 가장 많은 시간과 비용을 투자한 부분이 바로 소파였다.

17평 아파트 시절 2인용의 저렴한 소파를 사용하다 보니 불편한 점이 많았다. 그 중 가장 불편한 점은 소파에 누워있을 수가 없다는 점이었다. TV형 거실은 무엇보다 TV 시청을 편하게 하는 것이 중요하기 때문에 편안한 소파는 선택이 아닌 필수가 될 수밖에 없다.

소파는 다양한 소재들로 판매되고 있다. 천연 가죽, 인조 가죽, 패브릭이 대표적인데 천연 가죽의 경우 가격대가 높을 뿐 아니라 관리가 어려운 단점이 있다. 반면 인조 가죽은 가격대가 저렴하고 관리가 쉽다는 장점이 있어 많이 애용되고 있다. 패브릭은 오염에 취약한 단점이 있는데, 요즘은 방수 패브릭을 사용한 제품과 울트라 스웨이드 원단의 제품들이 많이 판매되고 있어 오염에 대한 걱정을 덜 수 있다. 다만 기능성 원단으로 제작된 제품들은 가격대가 높게 형성되어 있다는 단점이 있다.

조명 : 아트메이 * – 레모드 105 직부등 / 블랙

거실 분위기에 어울리는 블랙 컬러의 조명을 설치했다. 골드 포인트의 고급스러운 스타일의 거실장과 어울리는 직부등으로 선택했는데, TV 시청이 주를 이루는 공간이기 때문에 밝은 조명을 사용할 필요가 없어 노란색 전구를 사용하여 분위기 있는 거실을 연출했다.

소파베드 : 라포 * – 아르티 / 그레이

부부 중 한 사람이 소파에 누우면 남은 한 사람이 앉아있을 공간이 부족했다. 집에 손님들이 올 때도 소파에 앉을 곳이 부족하여 바닥에 앉아있는 경우가 많아, 3인용 소파와 함께 사용할 수 있는 1인용 소파를 추가했다. 1인용 소파는 소파베드로 구입했는데, 평소에는 소파처럼 사용하고 손님이 주무시고 갈 경우 베드로 활용했다. 무겁지 않아 장소를 옮기기도 용이했고, 소파베드로 변신을 하기도 어렵지 않았다.

그러다 기존의 구조는 소파베드를 펼치는 데 불편한 점이 있어, 소파베드를 좀 더 편하게 사용하고 싶어 소파의 위치를 바꿔주었다. 3인용 소파는 창가로 자리하고 1인용 소파가 TV와 마주보는 형태의 TV형 거실을 만들어주었다. 3인용 소파가 창가 쪽으로 위치하면 TV 시청이 불편할 거라 생각했지만 의외로 TV를 편하게 시청할 수 있었다. 무엇보다 거실이 전보다 더 넓어 보이는 효과를 얻었다.

그동안 다크하게 연출했던 거실을 밝은 분위기로 바꾸고 싶어 소파를 교체하고 벽지 페인팅을 진행했다. 소파베드와 3인용 소파를 치우고 그 자리에 3.5인용의 소파를 두었다. 소파를 구입할 때는 사이즈가 중요한데, 우리 집의 경우 3인용 소파는 크기가 아쉬웠고 4인용은 거실폭과 맞지 않아 구입할 수가 없었다. 3.5인용 소파는 이처럼 거실이 크지 않지만 3인용 소파보다 큰 사이즈를 원할 경우에 사용하면 좋다. 기존의 소파는 다크 그레이 컬러였기에 화이트 벽과 함께 심플하게 연출했지만, 새로운 소파는 그레이 컬러에 따뜻하면서도 빈티지함이 느껴지는 원단으로 되어있어 화이트 벽보다는 컬러가 있는 벽과 더욱 어울릴 것 같았다. 웜톤의 소파와 어울리는 웜톤의 베이지 컬러로 벽지 페인팅을 진행하고, 그 앞에 소파를 두었다. 소파의 크기가 커진 만큼 거실이 전보다 더 채워졌기 때문에 액자와 기타 소품들을 최대한 제외하고, 조명과 화분만을 두어 답답해 보이지 않도록 연출했다. 소파와 벽지 페인팅으로 거실의 분위기가 전과는 전혀 다르게 변화했는데, 오랜 시간 무채색 인테리어를 해서인지 컬러가 들어간 따뜻한 분위기의 거실이 주는 새로운 느낌이 마음에 들었다. 소파처럼 부피가 크고 고가인 가구를 교체하는 것은 쉬운 일이 아니다. 이럴 땐 벽지 컬러를 바꾸는 것만으로도 분위기에 변화를 줄 수 있다. 특히나 요즘은 셀프로 페인팅을 할 수 있는 재료들을 쉽게 구입할 수 있기 때문에, 벽지 한 부분 정도만 페인팅을 하는 것도 인테리어를 바꾸는 데 도움이 된다. 기존의 벽지가 오래되어 더럽거나 손상이 된 경우라면 전체 페인팅을 해주는 것이 좋지만, 그렇지 않은 경우라면 포인트를 주고 싶은 한 곳만 페인팅을 진행해도 충분하다.

인테리어에 변화를 주고 싶지만 가구는 자주 교체하기가 쉽지 않다. 이럴 땐 러그를 활용하여 다양한 분위기를 연출할 수 있는데, 러그는 사이즈가 크기 때문에 생각보다 인테리어에 큰 변화를 가져다 준다. 러그는 디자인도 중요하지만 소재가 주는 느낌도 무시할 수가 없다. 극세사, 직조, PVC, 해초, 면 등 소재가 다양하고 사용하는 계절이 다른 만큼 러그 교체로 거실 분위기를 바꿔보는 것도 좋은 방법이다. 러그를 구입할 때 세탁 부분을 고려하지 않을 수 없는데, 극세사, 직조, 면 러그 등은 가정에서 쉽게 물세탁이 가능한 제품들이 많이 출시되어 있고 관리가 어렵지 않아 사용이 편리하다. PVC와 해초 러그 등은 세탁이 불가능한 제품이지만 오염에 강하기 때문에 물걸레 등으로 닦아주거나, 청소기를 사용하는 것으로 관리를 할 수 있다.

아이들이 있다면 두께감이 있는 쿠션 매트를 많이 사용하는데, 쿠션 매트의 알록달록한 디자인 때문에 인테리어를 해치는 경우가 많이 있다. 하지만 요즘은 디자인 쿠션 매트들이 많이 판매되고 있어 쿠션 매트 때문에 애써 꾸며놓은 인테리어를 망치는 일이 많이 줄어들었다.

자가드 러그(아엠 *)

직조 러그(블 * 드라팡)

극세사 러그(똘들 *)

쿠션 매트(케 * 하우스)

면 러그(두잉 *)

PVC 러그(스타 * 하우스)

책상 : 직접 제작

나에게 집은 사는 곳이자 일터였다. 프리랜서로 활동하고 있다 보니 대부분의 시간을 책상에 앉아 생활했다. 25평 아파트로 이사를 올 당시 서재에 대한 로망이 컸지만 방 2개짜리집에서 서재를 만든다는 것은 불가능했다. 드레스 룸으로 만든 작은 방의 한 면에 책상을두고 사용했는데, 드레스 룸이 북향이라 해가 잘 들지 않아 하루 종일 춥고 어두웠다. 그렇다 보니 일의 능률이 오르지 않고 우울한 느낌마저 들어서 책상을 거실로 이동시켜 오피스형 거실을 만들기로 했다.

책상은 해가 잘 드는 창가 쪽으로 자리를 잡았다. 어두웠던 드레스 룸을 벗어난 것만으로도 힐링되는 느낌이 들었다. 보통 가구가 한 번 자리를 잡으면 이사가기 전까지는 자리를 이동하는 일이 거의 없고, 그렇다 보니 몇 년 동안 같은 인테리어를 하고 지낼 수밖에 없다. 하지만 이렇게 가구의 위치를 바꿔 주는 것은 인테리어에 변화를 주기가 쉽고, 분위기 전환에도 좋아서 가끔씩 가구들의 위치를 바꿔주는 것을 추천한다.

책장 : 데스＊ – Book Shelf W/DOOR 1200x1060

책상이 거실로 자리를 잡으면서 책상과 함께 사용할 책장을 구입했다. 블랙의 책상과 어울리는 블랙의 책장을 구입했으며, 깔끔한 수납을 위해 문이 있는 디자인을 선택했다. 책장이나 수납장을 구입할 때 문이 있는 제품을 구입하면 정리에 대한 부담을 줄일 수 있을 뿐 아니라 공간을 깔끔하게 사용할 수 있다. 책장은 알록달록한 책 표지들 때문에 정리를 열심히 한다고 해도 깔끔해지지 않는데, 특히나 아이들 동화책 같은 경우는 크기도 일정하지 않고, 컬러가 많이 들어가 있어 깔끔하게 연출하기가 쉽지 않다. 이때 사용하면 좋은 방법이 문이 달려있는 책장을 구입하는 것이다. 만약 문이 없는 기존의 책장을 그대로 활용하길 원한다면 책장 앞에 가리개 커튼 등을 설치하여 사용할 수 있다.

스탠드 : 이케 *

패브릭 포스터 : 마＊허밍버드

오피스형 거실의 컨셉은 '스마트함'이었다. 말이 스마트함이지 조금 딱딱하면서도 업무의 효율을 가져다 줄 공간으로 꾸미고 싶었고, 무게감을 주기 위해 블랙 컬러를 활용하여 인테리어했다. 책상은 직접 제작했는데, 원하는 디자인을 스케치하고 상판과 다리를 각각 주문한 후 조립해서 완성했다. 상판은 무도색의 자작 합판이며, 조립 후 블랙 컬러로 페인팅을 해주었다. 페인팅했을 때 좋은 점은 추후 인테리어에 변화를 줄 때 리페인팅을 하며 컬러에 변화를 줄 수 있다는 것이다.

오피스형 거실에 들어가는 소품들도 가구와 동일한 블랙 컬러를 활용했다. 스탠드, 의자, 액자, 패브릭 포스터까지 모두 블랙 컬러로 통일하였는데, 블랙으로만 이루어진 공간이다 보니 안정감이 느껴졌다. 간혹 어두운 컬러를 사용하면 집안 분위기가 어두워지지 않을까 걱정하는 경우가 많다. 하지만 우리 집처럼 베이스가 되는 바닥과 벽이 밝은 컬러라면 가구로 인해 공간이 어두워지지는 않는다. 만약 어두운 분위기의 연출을 원한다면 벽지를 톤 다운된 컬러로 바꿔주면 된다.

오피스형 거실을 만들면서 소파의 위치에 대한 고민을 하지 않을 수 없었다. 남편은 퇴근 후 TV 시청을 많이 하기 때문에 거실에서 TV와 소파를 치우면 남편의 만족도는 현저히 낮아질 수밖에 없었다. 나 역시 TV를 보며 휴식을 취하다 보니 TV와 소파는 없어서는 안 되는 존재였기 때문에 소파를 주방과 거실의 중간으로 이동했다. 주방과 거실의 경계가 나누어지자 거실이 하나의 독립된 공간처럼 느껴졌는데, 마치 사무실 같은 느낌이 들어서 아침이면 사무실로 출근하는 것 같았다. 이렇게 거실을 꾸며두니 부부의 만족도를 모두 충족할 수 있었고, 손님들이 방문할 때에도 큰 불편함이 없었다. 다만 저녁 시간에 내가 일을 하는 동안 남편이 TV 시청을 할 경우 서로에게 방해가 되는 부분은 없지 않았다. 만약 오피스형 거실을 계획한다면 이 부분을 반드시 생각을 한 후 꾸며주는 것이 좋은데, 장점과 단점이 모두 공존하는 거실인 만큼 서로의 합의점을 잘 찾아주는 것이 중요하다.

프레임이 있는 액자와 달리 패브릭에 인쇄되어 있는 패브릭 포스터는 일반 액자에 비해 가격이 저렴하고, 무게가 무겁지 않아 사용이 편리하다. 동일한 이미지라도 일반 액자에 있을 때와 패브릭 포스터에 있을 때 전혀 다른 느낌을 주기도 한다. 시침핀 등으로 쉽게 고정이 가능해서 벽 손상 없이도 설치가 가능하며, 부피가 작아 보관이 용이하다. 또한 설치 장소에 영향을 받지 않아 벽, 창가, 가구 등 다양한 곳에서 사용할 수 있고, 커튼 대신 사용하거나 문 등에 설치하여 바란스 대용으로 사용할 수도 있다.

패브릭 포스터의 특성상 내추럴한 느낌이 강하기 때문에 내추럴한 분위기 연출에 도움이 되며, 딱딱한 분위기의 공간에 사용하면 분위기를 전환하는 데 도움이 된다.

TV를 거실이 아닌 침실에서 사용하던 적이 있었는데, 거실에 TV가 사라지니 공간 활용이 전보다 더 편해졌고 TV 대신 액자와 다양한 소품들을 활용하여 거실 분위기를 자유롭게 바꿔줄 수 있었다. 이때는 가구 위치를 좀 더 다양하게 바꿀 수 있었는데, 특히나 소파는 TV가 사라지는 순간 채워졌던 족쇄가 사라진 듯 공간의 제약을 받지 않았다.

TV를 햇빛 가득 들어오는 창가 쪽으로 이동하고 소파가 있던 자리에 책장을 들였다. 서재형 거실을 만들어보고 싶어서였는데, 책장으로 거실 한 면을 채우는 것은 부담스럽기도 하고 답답해 보이기도 하여 적당한 크기의 책장 하나를 세워두었다. 서재형 거실이지만 책이 빼곡히 꽂혀있는 거실보다는 여유가 있는 거실, 차 한 잔 하며 책 한 권 읽을 수 있는 카페 같은 거실을 만들고 싶어 책장에는 자주 보고 싶은 책이나 읽어야 할 책 몇 권만 넣어두고 나머지는 소품들을 디피해두었다.

무채색의 가구들로만 이루어진 집이다 보니 집에는 온통 화이트, 블랙, 그레이 컬러의 가구들뿐이었다. 서재형 거실은 무채색에서 탈피해보고 싶어 화이트와 우드가 믹스된 책장을 선택했다.

책장 : 다가 * ‐ 카밀로 1000 5단 선반장

스탠드 : 라디 * - 모던보이 장스탠드

책장 옆에는 어울리는 장스탠드를 두었다. 스탠드는 인테리어를 할 때 유용하게 사용할 수 있는 아이템 중 하나이다. 벽 또는 천장에 설치하여 사용하는 조명은 설치가 어렵고 이동이 불가능하지만, 스탠드는 설치가 필요 없고 이동이 자유롭기 때문에 한 번 구입을 해두면 공간을 이동하며 다양하게 사용할 수 있어 편리하다. 동일한 공간이라도 조명이 더해지면 인테리어 효과를 배가시킬 수 있는데, 저녁 시간에 메인 조명보다는 스탠드 등의 간접조명을 활용하면 분위기 연출에 좋다.

소파가 창가 쪽으로 이동하니 한낮에 소파에 앉아있을 때면 따뜻한 햇빛을 한가득 느낄 수 있었다. 소파 크기가 크지 않았기에 베란다 이동의 불편함도 없었고, 베란다에 쌓아둔 짐들을 소파가 가려주는 효과도 누릴 수 있었다. 우리 집에서 소파는 이리저리 이동을 참 많이 했는데, 패브릭 소파는 무겁지 않아 여자 혼자서도 옮기는 데 어려움이 없었다. 만약 무게로 인해 소파의 이동이 쉽지 않다면 가구 이동을 도와주는 제품들을 이용하면 된다. 홈쇼핑을 시청하다 보면 가구 이동을 도와주는 제품들이 다양하게 판매되고 있으니 이러한 제품들을 활용하면 어렵지 않게 가구 이동을 할 수 있다.

반대편에는 흰색의 수납장이 위치하고 있다. 흰색 수납장은 직접 제작했다. 다른 가구들과 동일한 방법으로 디자인을 스케치하고 도면을 그린 후 재료를 주문하고, 직접 조립과 페인팅을 하여 완성했다. 이렇게 하면 원하는 크기와 디자인의 가구를 만들 수 있다는 장점이 있지만, 시간이 부족하거나 손재주가 부족한 사람들에게는 쉽지 않은 일이다. 이럴 땐 집 근처 가구 공방이나 싱크대 업체 등에 주문 제작을 요청하여 원하는 가구 제작을 할 수 있다.

TV가 사라진 거실장 위에는 액자를 이용하여 다양한 분위기를 연출했다. 컬러가 들어간 액자부터 무채색의 액자 등 수시로 액자를 바꿔가며 분위기에 변화를 주었는데, 러그 만큼이나 분위기를 손쉽게 바꿀 수 있는 아이템 중 하나가 바로 액자이다. 액자는 공간에 생기를 주는 역할을 하는데, 액자에 변화를 주는 것만으로도 전혀 다른 분위기를 연출할 수 있기 때문에 인테리어에 있어서 빠져서는 안 되는 중요한 요소이다.

액자 : 마 * 허밍버드 – 숲속으로

인테리어에 있어 액자는 매우 중요한 요소 중 하나이다. 가구처럼 덩치가 크고 고가인 제품들은 손쉽게 변화를 주기 어렵지만 액자는 비교적 가격이 저렴하기 때문에 쉽게 구입할 수 있다. 동일한 공간일지라도 어떤 디자인의 액자를 사용했는지에 따라 분위기에 변화를 줄 수 있는데, 봄, 여름, 가을, 겨울 각 계절에 맞는 액자로 교체해주면 적은 비용으로 손쉽게 계절 인테리어를 할 수 있다.

TV가 사라진 거실장은 다양한 크기와 디자인의 액자로 변화를 주었다. 무채색의 액자를 사용하여 차분함을 강조하기도 하고, 컬러가 들어간 액자를 이용하여 생동감을 주기도 하는 등 동일한 공간이 지루하게 느껴지지 않도록 노력했다.

액자는 벽에 걸기 보다는 세워두는 방법을 주로 사용했다. 뒷면의 보기 싫은 콘센트를 가려주기 위함도 있었고 크기가 다른 액자들을 자유롭게 교체하고 싶은 마음도 있었다.

액자를 벽에 직접 못을 박아 설치할 경우 못 자국이 생기기도 하고 위치 이동이 쉽지 않다는 단점이 있다. 액자의 크기에 따라 설치할 곳의 높이와 장소가 달라지는데, 이럴 경우 벽에 무수히 많은 못 자국이 생기게 된다. 이럴 땐 액자 레일을 설치하여 문제를 해결할 수 있다.

마음에 드는 디자인이나 사이즈의 가구가 없다면 직접 제작을 할 수 있다. 가구를 제작하면 기성가구를 구입하는
것보다 저렴할 뿐 아니라 세상에 하나뿐인 가구를 만들 수 있다.
수납장은 이동이 쉽도록 3개로 분리하였으며, 3개를 동시에 사용하거나 개별로 사용하는 것이 가능하도록 제작
했다.

❶
수납장 제작에 필요한 재료를 주문하고, 목공본
드를 이용하여 조립한다. 이때 모서리 클램프를
이용하여 나무가 움직이지 않도록 고정한다. 모
서리 클램프가 없다면 마스킹 테이프를 부착하
여 움직이지 않도록 고정한다.

❷
목공본드가 건조된 후 나사가 들어갈 곳에 구멍
을 내고 나사를 박아준다.
(나무에 나사를 바로 박을 경우 나무가 쪼개질
수 있으며, 조립 후 나사 머리가 튀어나와 완성
도가 떨어진다.)

❸
타카를 이용하여 가구 뒤판을 고정한다.
(타카가 없다면 무두못을 이용하여 고정할 수
있다.)

❹
보기 싫은 나사자국은 목다보를 넣은 후 다보톱
으로 절단해 막는다.
(목다보 대신 우드필러(메꾸미)를 이용할 수 있다.)

⑤

200방 사포를 이용하여 거친 표면과 모서리를 샌딩하고, 톱밥이 남지 않도록 물티슈 등을 이용하여 닦아준다.

⑥

롤러를 이용하여 젯소를 1회 칠한다.
(밝은색 페인트를 사용하면 젯소를 1~2회 칠한 후 페인팅하는 것이 좋으며, 흰색 페인트를 사용할 때는 반드시 젯소를 칠한 후 페인팅을 진행한다. 어두운 색 페인트는 젯소를 생략해도 된다.)

⑦

들뜸현상으로 거칠어진 표면을 400방 사포로 샌딩한 후 물티슈로 닦아준다.
(가공되지 않은 나무에 젯소나 페인트를 칠하면 나무 표면이 거칠어지는 들뜸현상이 일어난다. 이때는 400방 사포로 거칠어진 표면을 샌딩하여 매끄럽게 만들어준다.)

⑧

방문 가구용 페인트를 롤러로 2~3회 칠한다.
(페인트는 기본 2회 도장을 원칙으로 하며, 흰색 가구는 2회 이상 페인트를 칠해야 하는 경우도 있다. 흰색 페인트를 사용할 때 젯소로 밑색을 커버해주면 페인팅 횟수를 줄일 수 있다.)

⑨

경첩을 부착하여 문짝을 설치하고, 원터치 빠지링을 부착한다.
(싱크 경첩을 사용할 경우 나무 주문 시 판매처에 싱크 경첩 타공을 요청하면 된다.)

⑩

완성

[TIP]

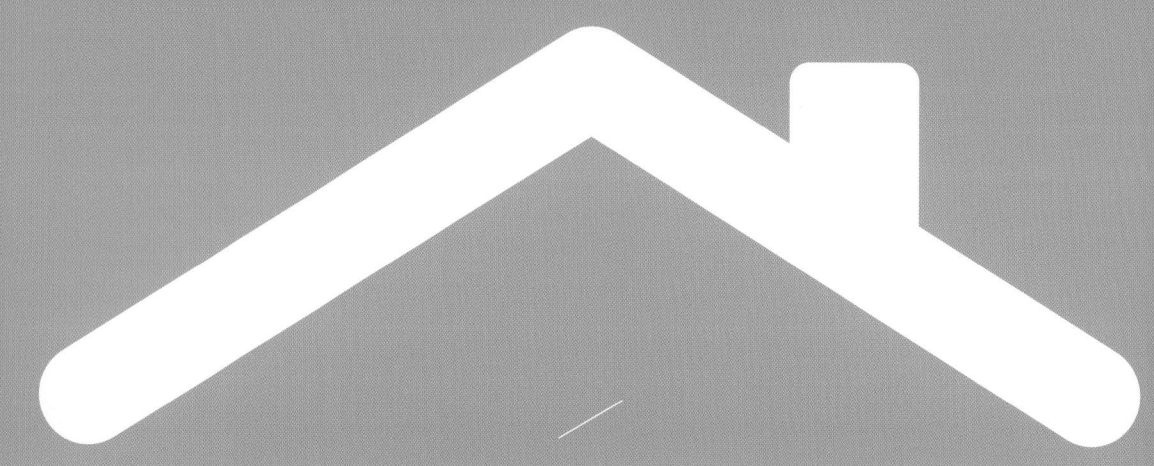

CHAPTER
05

침실

우리 집처럼 2인 가족인 경우는 각각의 공간을 침실, 드레스 룸, 서재 등으로 구분하여 사용하기가 쉽다. 하지만 가족 수가 많은 경우에는 목적을 위하여 공간을 분리하기 보다 구성원들 개인의 공간으로 사용하게 되는데, 침실이라는 이름보다는 안방, 아이 방 등 방을 사용하는 사람에 따라 명칭이 정해진다.

이 경우 방은 멀티 공간이 된다. 침실 안에 침대, 책상, 옷장, 화장대 등 개인마다 사용해야 하는 가구들이 모두 한 곳에 자리잡는 공간이 되는데, 아무래도 비좁을 수밖에 없고 공간 활용을 하기가 쉽지 않다.

침실은 수면이 주가 되는 곳이다. 그렇다 보니 침대가 메인 가구가 될 수밖에 없어 침실 인테리어는 침대 디자인이 좌우한다고 해도 과언이 아니다. 요즘은 침실을 보다 효율적으로 변화시키기 위해 헤드가 없는 평상형 침대를 많이 사용한다. 평상형 침대는 헤드가 없기 때문에 사용하는 침구 선택에 제약이 없고, 침구의 디자인에 따라 인테리어 변화를 주기 쉽다는 장점이 있다. 헤드가 없는 디자인이다 보니 사이즈가 작아 작은 평수의 침실에서 사용하기 좋고, 1인 가구가 급증하는 요즘은 오피스텔이나 원룸 등에서 평상형 침대를 사용하는 경우가 많다.

17평 아파트의 원래의 계획은 큰 방에 침대와 옷장이 들어가고, 작은 방을 서재처럼 사용하는 것이었다. 하지만 그럴 경우 손님들이 방문했을 때 제대로 앉아있을 공간이 부족했고, 손님들이 침대에 걸터앉는 것이 싫었다.

이때만 해도 나는 퀸 사이즈 침대의 크기조차 몰랐기 때문에(퀸 사이즈 매트리스 150cm X 200cm) 작은 방의 도면을 보면서도 이곳에 침대가 들어갈 수 있는지에 대해 알 길이 없었다. 신혼 가구 구입을 위해 방문한 가구점 직원분께서 도면을 살펴보신 후, 작은 방에 침대가 들어갈 수 있다고 알려주시고 나서야 작은 방이 침실로 활용될 수 있음을 알았다.

그렇게 해서 침대는 큰 방이 아닌 작은 방에 들어가는 것으로 결정됐다. 현장에서 바로 계획이 변경됐다.

신혼집을 구하기 전부터 공주풍의 우아함이 넘치는 침실을 만들고 싶었다. 헤드가 크고 샹들리에 조명이 설치된 침실이 갖고 싶었다. 지금 생각하면 그때 왜 그런 생각을 했는지는 모르겠지만 아마도 신혼이니까 로맨스가 넘치는 침실이어야 한다고 생각했던 것 같다. 그렇게 나는 우아함이 넘치는 침대를 찾기 위해 매장 곳곳을 뒤졌고, 곡선으로 이루어진 큰 헤드와 진주 펄 가죽 등받이로 되어있는 커다란 침대를 구입했다. 상담 직원분이 작은 방에 침대가 들어갈 수 있다고 했으니 어떤 침대를 구입하더라도 다 들어갈 수 있는 줄 알았다.

집 근처 오프라인 매장을 방문하여 조명도 구입했다. 침실에는 그토록 원하던 샹들리에 조명을 넣어주고 싶어 매장 내 샹들리에 조명을 열심히 찾아봤다. 하지만 복병은 매장 직원이 아닌 신랑이었는데, 신랑은 무조건 LED 전구로 사야 한다고 주장했다. 거실 조명의 전구는 LED 전구를 선택했지만 샹들리에 조명은 은은한 불빛이 매력인데 LED라니 말도 안되는 소리였다. 하지만 그때만 해도 LED 조명이 무엇인지 제대로 알지 못했던 나는 LED 샹들리에 조명을 구입했다. 크리스탈 볼이 가득 달려있는 LED 샹들리에 조명이었는데, 크리스탈이 어떤 역할을 할지 전혀 예상하지 못했다.

침실은 거실과 동일한 하늘색 벽지로 도배했다. 그리고 가구가 들어오던 날 거실 가구가 먼저 자리를 잡고 어느 정도의 충격을 받은 상태에서 침대가 들어왔다. 침대는 현장에서 조립되었는데, 조립 단계에서부터 난관에 부딪혔다.

내가 구입했던 침대는 헤드가 큰 디자인이었는데, 처음 계획했던 곳에 헤드가 위치하면 방문이 열리지 않는 상황이 발생했다. 나뿐만 아니라 배송 기사님들까지 모두 당황하여 헤드를 들고 이리저리 옮겨가며 위치를 찾았다. 헤드가 창가 쪽으로 자리를 잡으면 다행히도 문이 열리고 닫힐 수 있었는데, 문제는 그로 인해 붙박이장과 침대의 거리가 불과 30cm도 남지 않는다는 점이었다. 방문을 얻는 대신 붙박이장을 잃었다.

우여곡절 끝에 침대 설치가 끝났다. 역시나 하늘색 벽지와 진주 펄의 엘레강스한 침대는 어울리지 않았고, 무엇보다 작은 침실에 놓인 큰 침대는 안 그래도 작은 방을 더욱 작게 만들었다. (여기서 한 가지 고백하자면 이때 나는 침구도 하늘색 침구를 구입했었다.)

구입한 샹들리에 조명도 설치되었다. 매장 내 수많은 조명들 사이에 있을 때와는 뭔가 다른 비주얼에 잠시 당황했지만, 설치하고 불을 켜면 내가 원하는 로맨틱한 침실이 될 거라 상상하며 위안을 삼았다. 설치가 끝난 후 조명을 킨 순간 나의 기대는 한 순간에 무너졌다. 조명을 켠 침실은 밝아도 너무 밝아 제대로 눈을 뜰 수가 없었다. 게다가 밝은 LED와 크리스탈이 만나 침실에는 수많은 크리스탈 그림자가 생겼고, 눈이 어른거려 조명을 켜고 있을 수가 없었다. 조명은 1분도 안 되는 시간에 다시 꺼졌다. 모두가 떠난 후 침실에는 헤드가 큰 엘레강스한 침대와 크리스탈 샹들리에 조명이 남았다. 역시나 침실 인테리어도 망했다.

거실과 침실 두 곳 모두 마음에 들지 않았지만 그 중 하나를 꼽으라면 침실이 우세하다. 좁은 침실에 자리한 큰 침대는 볼 때마다 답답했다. 그리고 엘레강스한 디자인은 역시 나의 취향과는 거리가 멀어도 너무 멀었다. 좁은 집이라 안 그래도 수납공간이 부족한데 침대로 인해 붙박이장을 제대로 활용할 수 없으니 그 부분도 매번 아쉬움이 남았다. 거실을 시작으로 침실에도 변화가 시작됐다.

침실 인테리어는 두 가지 컨셉으로 진행되었다.

첫째. **따뜻한 침실**
둘째. **넓어 보이는 침실**

17평 아파트는 복도형 아파트였기에 침실의 웃풍이 매우 심한 편이었다. 벽을 통해 들어오는 바람으로 침실은 늘 찬 기운이 가득했고, 보일러를 가동해도 온기가 돌지 않았다. 침실 문을 열어두면 집 전체 난방에 영향을 주었기에 낮 시간 동안은 침실 문을 닫아두고 생활했는데, 잠을 자기 위해 침실 문을 열 때면 안에서 새어 나오는 냉기가 어마어마했다. 전기장판에 수면 잠옷까지 챙겨 입어야만 하는 침실을 좀 더 따뜻하게 만들어주고 싶었기에 단열 벽지를 부착하기로 했다. 단열 벽지도 여러 종류가 판매되고 있었다. 나는 단열 효과가 높고 불연 소재로 되어있으며, 곰팡이 방지 기능이 있는 제품을 선택했다. 웃풍이 심한 복도 쪽 벽면에 단열 벽지를 부착했다. 단열 벽지는 칼이나 가위로 재단이 쉽고, 접착식으로 되어있어 손쉽게 부착할 수 있다.

하지만 문제는 단열 벽지의 무늬였다. 타 제품에 비해 좋은 성능의 제품이었지만 벽지 전체에 있는 무늬에 대해 고민이 되었다. 결국 단열 벽지 위에 페인팅을 하는 것으로 무늬를 커버하기로 했다.

단열 벽지는 단열 시트 위에 벽지가 붙어있는 형태인데, 벽지와는 다른 질감이라 페인팅이 가능할지에 대한 의문이 있었다. 페인팅 전 자투리에 테스트를 해보았다.

젯소와 페인트를 순서대로 칠한 후 건조를 시키니 페인트가 벗겨지지 않았다. 손으로 비벼보고 긁어보는 등 다양하게 테스트를 해보아도 페인트는 쉽게 벗겨지지 않았다. 테스트도 끝냈으니 본격적으로 단열 벽지 페인팅을 시작했다.

순서

❶ 단열 벽지 부착하기

❷ 젯소 1~2회 칠하기

❸ 페인트 2회 칠하기

단열 벽지는 두께가 있는 데다가 겹쳐서 부착할 수 없기 때문에 연결 부위가 티가 날 수밖에 없다. 이때는 마스킹 테이프를 부착하거나 실리콘을 이용하여 이음 부분을 보수할 수 있다. 마스킹 테이프는 부착 부분이 티가 나지만 손쉽게 할 수 있는 반면, 실리콘은 부착 부위가 티가 나지 않아 깔끔하지만 손이 많이 가는 편이다.

단열 벽지 위에는 먼저 젯소를 칠해야 페인트 접착력이 높아진다. 그리고 단열 벽지 표면에 주름이 많기 때문에 털 길이가 중간 정도 되는 롤러를 사용해야 주름 사이사이에 페인트를 잘 칠할 수 있디.

참고로 단열 벽지와 단열 시트는 엄연히 다르다. 단열 벽지는 단열 시트 위에 벽지가 한 번 더 부착되어 있는 제품이기 때문에 페인팅이 가능한 반면, 단열 시트는 벽지가 부착되어 있지 않아 표면이 비닐소재로 되어있어 페인트 칠이 불가능하다. 페인팅을 계획하고 있다면 구입 전 단열 벽지와 단열 시트를 구분해서 구입해야 한다.

단열 벽지 위에는 짙은 그레이 컬러의 페인트를 칠해주었다. 올 화이트로 칠해준 거실과 달리 침실은 포인트를 주고 싶어 한 면에만 컬러를 더해주었는데, 침실은 다양한 컬러로 페인팅을 해주며 인테리어에 변화주었다. 페인트는 간단하게 인테리어를 바꿔줄 수 있는 좋은 아이템이다.

많은 사람들이 단열 벽지의 효과에 대해서 물었는데, 단열 벽지의 효과는 생각보다 훌륭했다. 단열 벽지 부착과 함께 창문 틈에도 문풍지를 부착하여 창문 틈으로 들어오는 바람도 막아주었는데, 덕분에 침실은 웃풍이 사라졌다. 사실 이정도까지 웃풍이 차단되리라고는 생각하지 못했었다. 하지만 효과는 기대 이상이었고 단열 벽지 부착 후 침실뿐 아니라 집 전체가 따뜻해졌다. 전년 대비 난방비가 30%정도 절감되는 효과도 봤다. 전기장판과 수면 잠옷 없이도 잠들 수 있는 날이 왔다.

이곳이 얼마나 따뜻해졌는지는 우리 집 고양이들을 보면 더욱 확실히 알 수 있었다. 야니와 래이는 낮 시간동안 침실에서 잠을 잤다. 창문으로 들어오는 햇살 맞으며 따뜻한 방에서 꿀 수면.

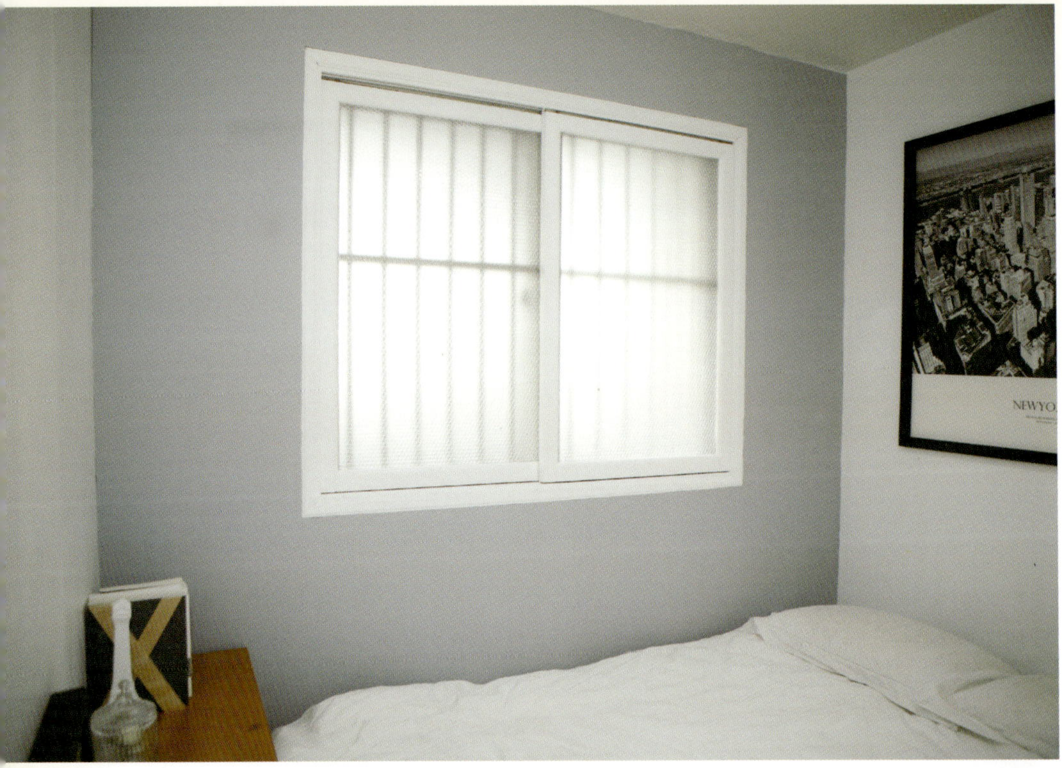

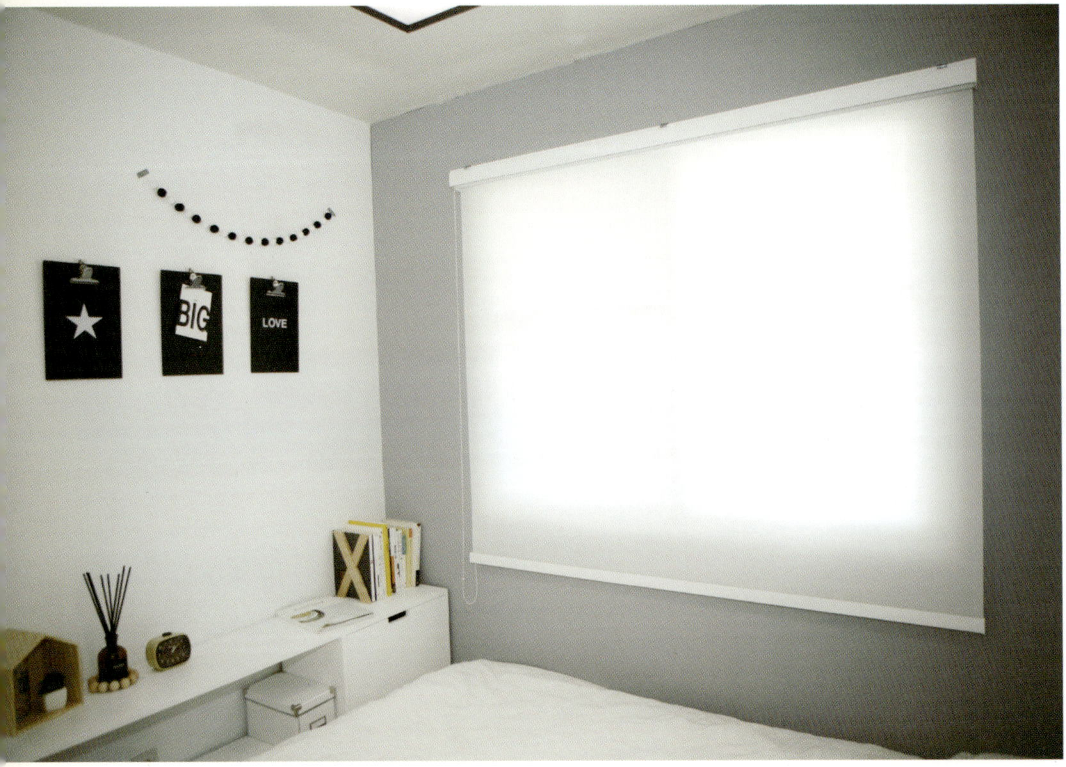
BIG
LOVE

커다란 침대는 공간을 더욱 좁아 보이게 했다. 침대 프레임은 중고로 판매하고 프레임 없이 매트리스만을 두고 사용했다. 요즘은 평상형 침대를 쉽게 접할 수 있지만 5년 전만 해도 평상형 침대를 흔히 볼 수 없었다. 그렇다 보니 평상형 침대의 존재를 알 길이 없던 나는 프레임 없이 매트리스를 바닥에 두고 사용하는 방법을 택했다. 기존에 사용하던 매트리스가 일반 매트리스보다 높은 편이었기에 큰 불편함은 없었지만 매트리스 사용에 있어 옳은 방법은 아닌 것으로 알고 있다.

침대가 사라진 것만으로도 공간이 1.5배는 넓어진 기분이었다. 무엇보다 좋은 것은 매트리스 방향을 자유롭게 배치할 수 있는 점이었는데, 복도 쪽으로 매트리스를 밀착하도록 배치한 덕분에 붙박이장 문을 활짝 열 수 있게 되었다.

매트리스를 제외하고 남는 공간은 많지 않았다. 기성 가구로는 이 공간에 맞는 가구를 구입할 수 없었기에 필요한 가구를 제작했다.

도면을 그리고 필요한 재료를 주문한 후, 조립과 페인팅을 거쳐 침대 수납장과 책장을 제작했다.

두 가구는 컬러와 디자인을 통일시켜주었는데, 좁은 공간일수록 가구의 컬러와 디자인을 통일하면 공간이 보다 안정감 있고 넓어 보이는 효과가 있다.

매트리스 끝 부분에 만들어준 침대 수납장은 수납은 물론, 소품 등을 올려두며 데코존으로 활용할 수 있도록 했다. 침대 주변에 협탁을 둘 공간이 없었기 때문에 수납장을 협탁을 대신하는 용도로 활용하기도 했다. 책장과 수납장은 모두 높이를 낮게 만들었다. 낮은 가구를 활용하면 벽에 여백이 생기고 천장이 높아 보여 공간이 확장되는 효과를 낼 수 있다.

①

재단한 나무들을 목공본드와 피스를 이용하여 조립
후 샌딩한다.

②

젯소 2회, 페인트 2회 칠한다.
(흰색 가구를 만들 경우 페인팅 전 젯소를 칠해주는 것
이 좋다.)

③

경첩을 부착하여 문을 설치한다.

④

완성

책장과 수납장은 모두 문을 설치했다. 가구에 문이 있으면 정리정돈에 대한 스트레스를 줄일 수도 있지만, 공간이 깨끗해 보여 좁은 침실을 보다 넓어 보이도록 하는 데 도움을 준다. 좁은 공간을 넓어 보이게 하는 데에는 여러 가지 방법이 있다. 밝은 컬러 사용하기 / 벽지와 몰딩 컬러 통일하기 / 키가 낮은 가구 사용하기 / 가구에 문 설치하기 등의 방법을 활용하면 좁은 공간도 넓어 보이게 연출할 수 있다.

벽 컬러도 침대도 모두 해결이 되었으니 남은 것은 조명이었다. 조명은 중고로 판매하기가 쉽지 않았을뿐더러 고가의 제품이라 쉽게 처분할 수 없어 고민 끝에 리폼을 하기로 했다.

조명에 달려있던 크리스탈을 모두 떼어내고 우드락으로 조명 크기에 맞는 틀을 만들어 블랙 컬러로 페인팅을 해주었다. 밝은 LED 불빛은 린넨 원단을 덧대어 차단해 주었는데, 생각했던 것 이상으로 예쁘게 완성되어 내내 뿌듯하게 사용했다. 집에 있던 자투리 우드락과 자투리 원단을 사용하였기에 재료비는 한 푼도 들지 않았다. 집에 오는 손님들마다 조명의 구입처를 물어보고는 했는데, 리폼했다는 이야기를 하기 전까지는 아무도 리폼을 눈치채지 못했다.

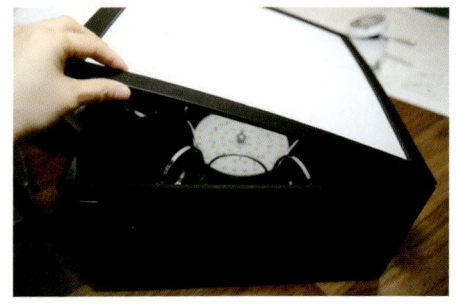

버려진 옥수수 통조림, 유리병, 우드락, 자투리 나무 등을 리폼하여 다양한 소품을 만들 수 있다. 리폼의 재료는 우리 주변에서 쉽게 구할 수 있는 재료들을 활용하면 된다. ❶ 유리병 뚜껑을 페인팅하고 레터링 스티커를 붙여 보관 용기를 만들거나, ❷ 자투리 나무에 페인팅을 하고 집게를 부착하여 클립보드를 만들 수도 있다. ❸ 보지 않는 책은 표지를 뜯은 후 종이를 접어 소품으로 만들 수도 있고, ❹ 필라멘트가 끊어진 폐 전구는 화병으로 재활용할 수도 있다. 인테리어는 돈이 많이 든다는 선입견을 가지고 있는데, 버려지는 쓰레기를 재활용하거나 기존에 사용하던 제품을 리폼해준다면 적은 비용으로도 충분히 인테리어를 할 수 있다.

폐 전구 화병

①

니퍼를 이용하여 폐 전구의 필라멘트를 제거한다.
(반드시 장갑을 착용해야 하며, 유리 파편이 튈 수 있
으니 신문지를 깔거나 박스 안쪽에서 작업하는 것이
좋다.)

②

송곳으로 구멍을 만든다.

③

끈을 넣어 고리를 만든다.

④

전구 안쪽을 세척한 후 물과 식물을 넣어준다.

책 접기 소품

1

책의 겉표지를 떼어낸다.

2

페이지를 한 장씩 접어가며 원하는 모양을 완성한다.
(책 접기 소품은 긴 시간이 소요되는 지루한 작업이다.
TV를 시청하며 천천히 작업하면 지루하지 않게 작업
할 수 있다.)

3

완성

[TIP]

17평 아파트의 침실은 공간이 좁았기에 자는 곳 이외로는 활용할 수가 없었는데, 25평 아파트의 침실은 전과 비교할 수 없을 만큼 넓었다. 침실이 넓어진 만큼 이젠 공간을 넓어 보이게 하는 데 집중하지 않아도 되었고, 침실에 의미를 부여하며 인테리어를 할 수 있게 되었다.

프리랜서로 밤낮 가리지 않고 책상 앞에 앉아 일을 하는 나와 달리 남편은 정시 출근, 정시 퇴근을 하는 회사원이다. 그렇다 보니 둘의 수면 패턴은 달라도 너무 달랐다. 일찍 자고 일찍 일어나는 남편과 달리 나는 늦게 자고 늦게 일어났기에 우리의 침실은 서로의 수면을 방해하지 않는 곳이어야 했다.

╱ 오직 수면을 위한 침실 ╱

서로의 수면을 방해하지 않기 위해 침실은 오직 수면을 위한 공간이 되어야 했다. 침대를 제외한 가구를 최소화했고, 작은 방을 드레스 룸으로 만들어 옷들을 수납했다. 드레스 룸이 별도로 있으니 출근 준비를 하는 신랑은 조심스레 옷을 갈아입지 않아도 되었고, 나도 늦은 시간 조심스레 잠옷을 갈아입지 않아도 되어서 좋았다. 드레스 룸을 별도로 만들어준 것은 만족하는 부분 중 하나인데, 옷장이 침실에 없으니 침실을 여유 있게 사용할 수 있는 것은 물론이고 가구들의 위치를 변경하는 것에도 제약이 많이 없었다.

침실은 매트리스와 작은 수납장 정도만 두고 생활했다. 침실 크기가 커진 덕분에 매트리스만 덩그러니 놓여있는 모습이 전과 다르게 허전해 보였지만, 큰 불편함이 없었기에 당분간은 이대로 사용하기로 했다.

무거운 침대는 한 번 자리를 잡으면 이동이 쉽지 않다. 하지만 매트리스만 사용하면 위치를 자유롭게 바꿔줄 수 있다.(가벼운 평상형 침대를 사용하는 경우에도 쉽게 이동시킬 수 있어 다양한 인테리어 연출이 가능하다.) 매트리스는 방향을 수시로 바꿔가며 사용했다. 매트리스 방향이 바뀌는 것만으로도 분위기가 전환되었고, 여기에 다양한 침구를 스타일링하며 침실 인테리어에 변화를 주었다. 침실은 침구 등의 패브릭 제품을 교체하는 것만으로도 인테리어에 변화를 줄 수 있어 큰 노력 없이도 다양한 스타일 연출이 가능하다.

침구를 구입할 때 비슷한 스타일의 침구를 구입하기보다 컬러와 패턴을 다르게 구입하면 매번 새로운 침구로 교체해줄 때 재미와 설렘이 생긴다. 그날의 기분에 따라 연출하고 싶은 스타일을 선택하는 재미가 생기다 보니 침구 세탁의 주기가 짧아지기도 한다.

계절에 맞는 다양한 침구들이 판매되고 있다. 극세사, 차렵, 구스다운, 리플, 인견, 면, 린넨 등 침구의 소재도 매우 다양한데, 패턴만큼이나 중요한 것이 바로 소재이다. 침구는 사이즈가 큰 만큼 소재가 주는 분위기가 매우 중요하므로 침구를 선택할 때는 패턴뿐 아니라 소재도 꼼꼼히 따져봐야 한다. 겨울 침구는 차렵, 극세사, 구스다운을 많이 사용하는데, 차렵 이불은 솜이 들어있는 제품이라 보관 시 부피를 많이 차지한다. 차렵 이불의 부피가 부담된다면 이불 솜과 커버를 이용하면 좋다. 이불 솜 1개를 구입한 후 겉 커버만 교체해주면 되므로 보관 시 부피를 많이 차지하지 않는다. 하지만 매번 커버를 분리 세탁해야 하니 차렵 이불에 비해 번거로운 부분이 없지 않다.

침실은 침구를 이용하여 인테리어에 변화를 주기 쉽다. 침구에 어울리는 포인트 쿠션을 더해주는 것도 좋은 방법이다.

거즈 차렵 이불 (똘똘 *)

간절기 차렵 이불 (두잉 *)

깅엄 체크 이불 (노만제 *)

매트리스 옆에는 키가 높지 않은 협탁을 놓고 조명과 시계 등을 올려두고 사용했다. 침실에서 가장 중요한 역할을 하는 침대의 높이가 낮아졌기 때문에 다른 가구들도 높이가 낮은 것들을 사용하며 높이 밸런스를 맞추어야 했다.

높이 밸런스를 맞춰주면 공간이 보다 안정되게 느껴지는 효과를 볼 수 있다. 좁은 공간이라면 높이가 낮은 가구들을 사용하는 것이 안정감 있고, 공간을 넓어 보이게 할 수 있다.

수면을 위해 암막 커튼도 설치했다. 암막 커튼은 햇빛을 차단해주기 때문에 커튼을 닫아두면 해가 들지 않아 어둑어둑해져, 나와 같이 수면패턴이 일정하지 않은 사람들에게 좋은 아이템이다. 특히 방한, 방풍의 효과도 있어 한겨울 벽으로 들어오는 차가운 냉기를 어느 정도 막아주어 단열 효과도 볼 수 있다.

암막 커튼을 설치할 때는 속 커튼도 함께 설치하는 것이 좋다. 암막 커튼은 햇빛을 차단하기 때문에 커튼을 닫아두면 실내가 어두워 한낮에도 조명을 켜고 지내야 한다. 속 커튼과 함께 사용하면서 낮 시간 동안은 햇빛 가득한 밝은 침실을, 밤에는 어둑한 침실을 만들어가며 사용할 수 있다.

오직 수면을 위한 침실은 서로의 수면 패턴을 방해하지 않는 장점이 있었지만 공간을 효율적으로 사용하지는 못했다. 평수가 넓은 집이라면 모르지만 우리 집처럼 평수가 넓지 않고, 수납할 것들이 많은 집은 더욱 그러했기에 침실 기능에 변화를 주기로 했다. 이 당시 침실을 여유롭게 사용하면서 거실에는 많은 가구들이 배치될 수밖에 없었고, 그로 인해 거실은 포화상태에 이르기도 했다. 이제 거실과 침실의 밸런스를 맞추며 침실은 알차게, 거실은 조금 여유 있는 공간을 만들어 보기로 했다.

침실에는 입식 화장대를 제작해 설치했다. 평소 스킨케어 정도만 하는 편이라 좌식 화장대는 필요하지 않아 입식 화장대를 선택했는데, 남자도 간단히 스킨케어만 바르기 때문에 좌식보다는 입식을 좀 더 편하게 사용하는 것 같다. 입식 화장대는 화장대 기능뿐 아니라 수납장의 역할을 함께하도록 서랍과 선반을 설치하여 만들어주었다. 좁은 집일수록 수납을 늘 생각하게 된다. 우리 집은 살림이 많은 편이기에 수납이 매우 중요하다. 하지만 수납을 위해 덩치가 큰 가구들을 들이게 되면 안 그래도 좁은 공간이 더욱 비좁고 답답하게 느껴진다. 따라서 수납은 효율적이되 크기가 크지 않은 가구들이 필요했고, 기성 가구를 구입하는 것보다는 제작을 하는 것이 도움되었다. 그리고 가구의 디자인은 최대한 심플하게 만들어주고 밝은 컬러를 사용했는데, 벽과 동일한 화이트 컬러로 통일감을 주어 가구로 인해 생기는 답답함을 줄여주었다.

거울 : 블＊드라팡 - 스트랩 거울

조명 : 라디 * － 스위치 벽등

화장대 앞으로는 거울과 벽 조명을 설치했
다. 침실에는 유난히 간접 조명이 많은 편
인데, 해가 잘 들어오는 집이라 한낮에는
조명을 켜줄 필요가 거의 없고, 저녁 시간
에는 간접 조명으로 은은한 분위기를 연출
하기 위해서다. 특히나 서로의 수면을 방해
하지 않기 위해서는 메인 조명보다 간접 조
명을 사용하는 것이 좋았다. 노란색 조명을
사용하면 아늑하면서도 분위기 있는 침실
을 연출할 수 있다.

인테리어에 있어 조명의 역할은 매우 크다. 오죽하면 조명을 인테리어의 꽃이라고 부를까 싶다. 조명은 공간에 힘을 불어 넣어주는데, 우리 집처럼 심플한 집일수록 조명이 주는 힘이 더욱 크다. 밋밋하게 느껴지는 공간에 조명이 더해지는 순간 공간에는 무드와 함께 온기가 전해진다. 조명을 켜두는 것만으로도 인테리어 온도를 올릴 수 있어서 한겨울 집안 곳곳 노란 불빛의 간접 조명을 켜두면 좀 더 따뜻한 겨울을 보낼 수 있다.

하지만 조명은 설치에 대한 부담이 있는데, 이럴 경우 별도의 작업이 필요 없는 콘센트형의 조명을 사용하면 된다. 스탠드는 물론이고 화장대에 설치된 벽등도 콘센트 타입으로 되어있어 전기작업 없이 벽에 고정만 하면 되었다.

공간에 분위기를 더하고 싶다면 간접 조명을 적극 활용하면 좋다. 전기 작업을 해야 하는 조명은 설치에 대한 부담이 있고, 설치 공간에 제약을 받는다. 콘센트 타입의 조명들은 설치에 대한 부담이 없을 뿐 아니라 어디든 설치할 수 있다는 장점이 있는데, 주변에 콘센트가 없다면 멀티탭을 이용하거나 건전지 타입의 조명을 선택하여 사용할 수 있다.

커튼 박스 안쪽에 간접 조명을 설치하면 분위기 있는 공간을 연출할 수 있다. T5 간접 조명은 콘센트 타입으로 되어 있어 설치 방법이 간단하여 전기를 모르는 초보자들도 쉽게 설치가 가능하다. 가격적인 부담도 없을 뿐 아니라 LED 조명이라 전구 교체 없이도 오랜 시간 사용 가능하다.

인테리어 온도를 올리는 데는 캔들도 유용하다. 특히나 겨울철에는 실내 환기를 제대로 할수 없어 캔들을 더욱 많이 사용하게 된다. 캔들을 켜두면 냄새도 잡고 인테리어 온도를 높여줄 수 있으며, 좋은 향기까지 맡을 수 있어 애용하는 아이템이다.

디퓨저/캔들 : 플라디 *

요즘은 '향기테리어'라는 말이 나올 정도로 향기 역시 인테리어에 중요한 요소로 자리잡았는데, 집안 곳곳에 디퓨저를 두어 공간마다 각기 다른 향기를 만들어주었다.

눈으로만 보는 인테리어에 향기가 더해지면 공간에 대해 더욱 좋은 인상을 얻을 수 있는데, 덕분에 우리 집에 오는 손님들마다 향기에 대한 이야기를 많이 하고, 그 향기는 우리 집에 대한 좋은 기억으로 자리잡는다.

책상 : 다가* / 스탠드 : 라디* - 모던보이

화장대 옆으로는 작은 책상을 두었다. 거실 분위기에 변화를 주면서 기존에 사용하던 책상을 처분하고 베란다에서 사용하던 책상을 거실에서 잠시 사용했었다. 그리고 다시 장소를 옮겨 화장대 옆 작은 공간에 두었다.

책상이 들어오면 답답해 보일 수도 있을 거라 예상했지만 크기가 작은데다 화이트 컬러로 통일감을 준 덕분에 전혀 답답해 보이지 않았다. 책상은 필기류, 노트북 등이 늘 펼쳐져 있어 깔끔하게 유지하기 힘든 곳인데, 입식으로 만든 화장대의 높이가 높은 덕분에 방문 밖에서 보면 더러워진 책상이 가려져 정리에 대한 스트레스를 줄여주었다.

화장대와 책상 주변의 소품은 블랙&화이트로 통일시켜주었는데, 컬러와 스타일을 통일시키면 공간을 깔끔하게 만들 수 있어 정리정돈에 자신이 없는 사람이라면 이 점을 기억하면 좋다.

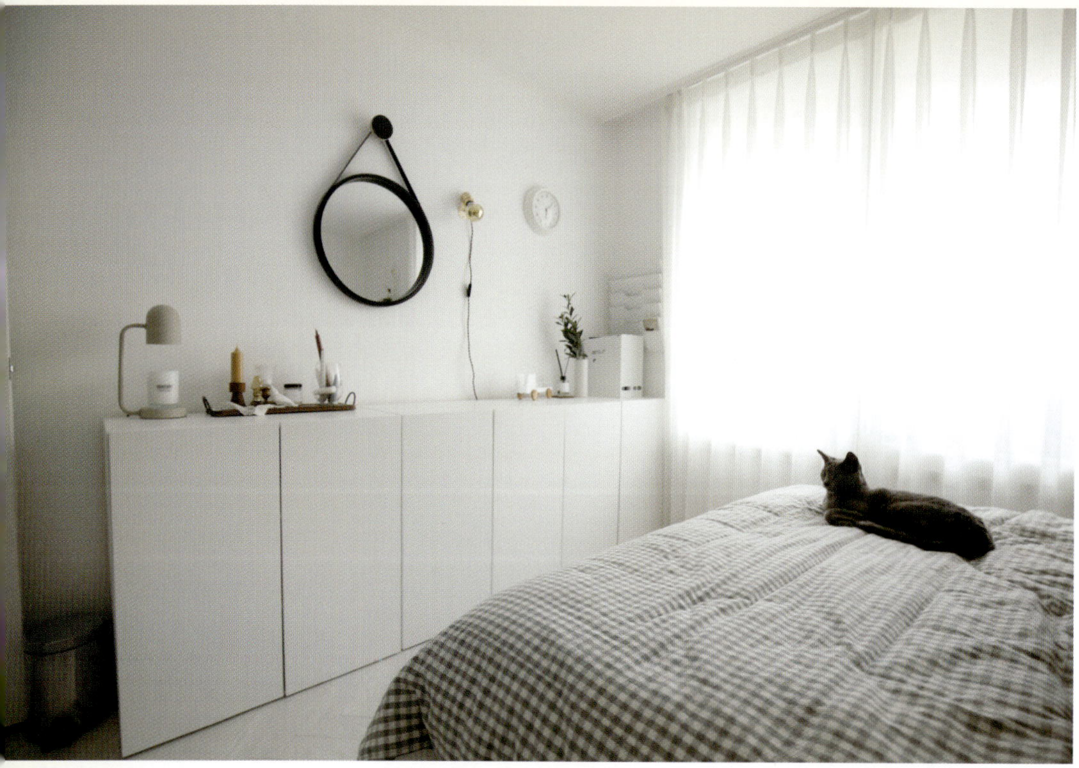

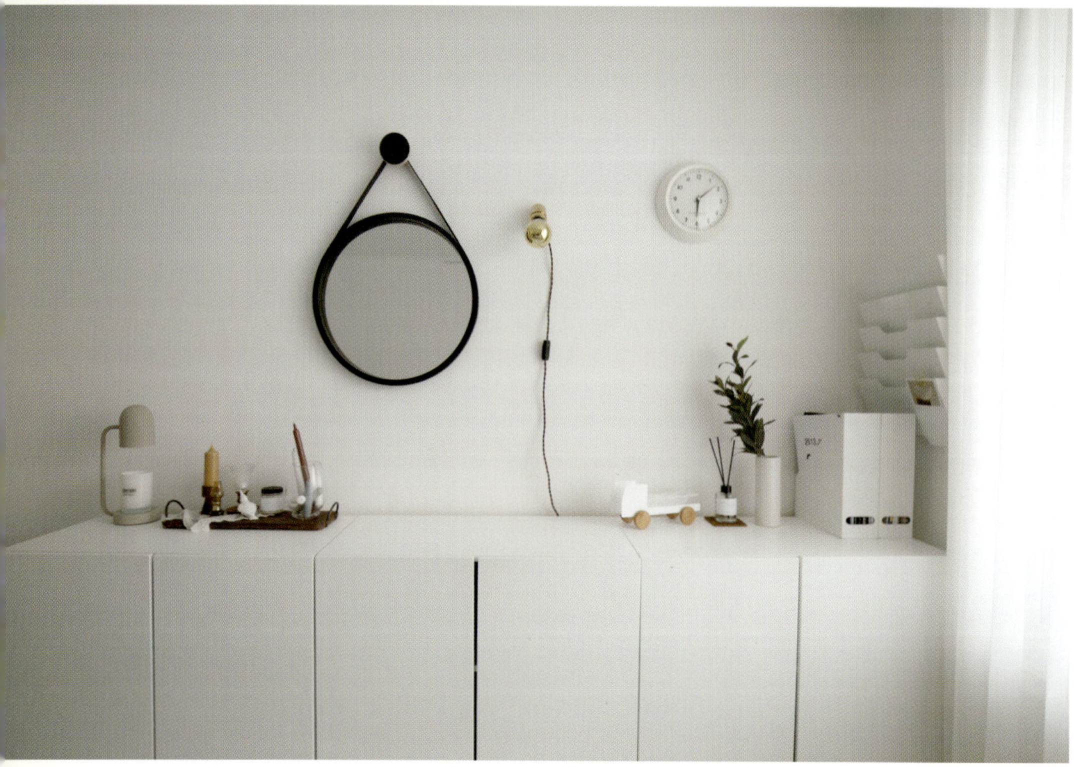

거실에서 사용하던 흰색 수납장이 침실로 자리를 옮겼다. 같은 가구라도 공간을 이동하며 사용하면 다른 분위기, 다른 용도로 사용할 수 있어 질리지 않고 오래도록 쓸 수 있다. 집안에 있는 가구들을 수시로 이동하면 인테리어에 변화를 줄 수 있고 의외의 숨은 공간을 찾기도 하며, 보다 효율적인 가구 배치를 할 수도 있다.

흰색 수납장은 침실과 맞춤이라도 한 듯 사이즈가 맞아 떨어졌다. 이곳에는 책을 비롯하여 비상약, 소품 등을 수납하고 상단은 데코존으로 활용했다. 사이즈가 큰 가구이지만 역시나 벽과 컬러를 통일한 덕분에 답답하게 느껴지지는 않았다.

손잡이가 있는 가구를 선호하는 편이 아니기 때문에 우리 집의 가구들은 대부분 손잡이가 없는 디자인으로 제작했다. 수납장은 원터치 빠지링을 설치하여 문을 살짝 밀어주면 열릴 수 있도록 했다. 손잡이가 없으니 깔끔하게 사용할 수 있어서 좋고, 인테리어에 변화를 주고 싶을 때 스타일에 제약을 받지 않는 점도 좋다. 하지만 수납장에 기대거나 실수로 문을 밀게 되면 의도치 않게 수납장이 열리는 일이 생기는 경우가 많다.

침실에 가구들이 많아지면서 높이감이 생겼다. 기존에는 매트리스 외에 가구가 별로 없어 괜찮았지만 이제 가구들이 채워지기 시작했고, 매트리스의 높이가 낮게 느껴졌다. 높이 밸런스가 맞지 않아서인지 공간이 미완성된 느낌이 들어 매트리스 생활 4년 만에 침대 프레임을 구입했다.
전체적으로 화이트로 되어있는 공간이기에 따뜻함을 더하고 싶어 우드 프레임 침대를 구입했고, 헤드가 크지 않은 디자인을 선택했다. 침대 프레임이 생기고 매트리스가 그 위로 자리 잡으면서 침실의 높이가 전체적으로 높아졌다. 드디어 높이 밸런스가 맞춰졌다.

침대 : 아리＊퍼니쳐 – 앤비 내추럴 퀸 침대

협탁 : 이케* – NESNA

침실 가구들이 모두 밝은 컬러이기에 밝은 컬러의 우드 프레임 침대를 선택했다. 침실은 침대가 메인이기 때문에 침대의 디자인과 컬러가 침실의 전체적인 분위기에 많은 영향을 준다. 인테리어 컨셉을 먼저 결정한 후 프레임을 결정하는 것이 좋은 방법이며, 다양한 스타일을 연출하기 위해서는 개성이 뚜렷한 디자인보다는 무난한 디자인을 선택하는 것이 좋다.

만약 수납 공간이 부족하다면 수납형 침대를 이용하면 좋다. 기존의 침대에 수납 기능을 더하고 싶다면 언더베드 수납함을 이용하거나, 부피가 큰 러그 등을 돌돌 말아 침대 밑에 보관하면 침대 밑의 버려진 공간을 활용할 수 있다.

침대 옆으로는 원목 협탁을 두어 통일감을
주고, 반대편으로는 콘센트형 간접 조명을
설치하여 사용하고 있다.

조명 : 이케 *

조명 : 아트메이 * - 엔지 면조명

심플한 디자인의 면 조명으로 교체해주었다. 침실에는 많은 가구가 들어와 있을 뿐 아니라 가구의 높이가 높아졌기 때문에, 직부등을 사용하면 천장이 낮아 보여 공간이 답답해 보일 수 있다. 그리고 간접 조명을 포함한 포인트가 많아져서 공간을 산만해 보이게 만든다. 심플한 디자인의 면 조명을 설치하면 공간에 개방감을 주는 것은 물론, 간접 조명의 포인트 역할을 부각시킬 수 있다.

커튼 : 아엠* - 린넨 나비주름 커튼

암막 커튼은 햇볕을 차단해 수면에 도움을 주는 장점이 있지만, 어둑해진 실내 탓에 암막 커튼 설치 후 늦잠을 자는 일이 많아졌다. 암막 커튼은 떼어내고 거실과 동일한 린넨 나비주름 커튼을 설치했다. 린넨이 주는 내추럴한 느낌도 좋을 뿐 아니라 커튼을 타고 들어오는 햇볕의 느낌이 좋다. 화이트 컬러의 나비주름 커튼은 어떤 침구와도 잘 조화를 이루었고, 분위기 있는 침실을 만들어주었다.

CHAPTER
06

주방

주방은 여자들의 로망이 숨어있는 곳이다. 누구나 예쁘고 넓은 주방을 꿈꾸지만 현실은 오래되고 낡은 싱크대, 좁은 수납 공간인 경우가 많다. 주방에서 가장 중요한 요소를 꼽으라고 한다면 아마도 넉넉한 수납공간이 되지 않을까 생각한다. 각종 주방 용품부터 식기, 조리 도구 등 주방에는 수납해야 할 것이 너무 많아서 정리를 해도 해도 끝이 없는데, 수납 공간은 턱없이 부족해서 아무리 머리를 굴려도 답이 없을 때가 많다.

주방은 하루 중 많은 시간을 보내는 곳이다. 아침, 점심, 저녁 하루 세 번의 식사를 준비해야 하고 식사 후의 설거지 등 주방에서 보내는 시간은 생각 외로 많다. 그렇다 보니 효율적이면서도 예쁜 주방에 대한 로망은 더욱 커진다. 이왕 일하는 거 좀 더 예쁜 곳에서 하고 싶고, 좀 더 편리하게 사용하고 싶은 것이 사람의 마음이 아닐까? 업체의 힘을 빌려 주방 인테리어를 새

롭게 해준다면 더없이 좋겠지만, 많은 비용이 소모되는 만큼 공사를 하는 것은 쉽지 않은 일이다. 하지만 조금만 노력을 기울인다면 지금보다 좀 더 나은 주방을 만드는 일이 불가능한 것만은 아니다.

나의 첫 번째 신혼집 주방은 매우 작았다. 17평의 복도식 아파트의 주방은 현관과 큰 방을 이어주는 기다란 구조로 되어있었고, 그곳에 아주 낡고 작은 싱크대가 있었다. 스테인리스 상판이 올려진 이 싱크대를 업체에서는 막장이라고 부른다. 막장은 온라인으로도 쉽게 주문 설치가 가능한데, 원하는 구성으로 주문하면 완제품 형태로 배송이 와 설치할 곳에 놓아주기만 하면 된다.

작은 평수답게 싱크대의 크기는 매우 작았다. 싱크볼과 작은 조리 공간, 가스레인지가 싱크대의 전부였다. 경첩은 녹이 잔뜩 생겨 있어 문을 열고 닫으면 녹 가루가 떨어졌고, 하나뿐인 서랍은 망가져 내려앉아 있었다.

가스레인지 쪽 벽면은 불에 그을려 있었는데 주방에서 작은 화재가 발생했던 것 같았다. 주방에서 발생한 화재로 인해 현관문 하단도 불에 그을려 있는 것을 발견했다. 이사 올 당시 현관문 하단에 이유 모를 커다란 시트지가 부착되어 있었는데, 현관문 페인팅을 위해 시트지를 떼어낸 날 불에 그을린 현장을 처음 발견하고 충격에 빠졌던 기억이 생생하다.

주방 벽에는 타일 대신 벽지가 붙어있었다. 이유는 모르겠지만 타일 위에 누군가가 도배를 해두었고, 도배를 하면서 콘센트까지 막아놓은 상태였다.
도배를 하는 날 기사님께 전화가 왔다. 도배를 하면서 주방 벽에 발포 시트지 작업을 해주시겠다
는 것이었다. 이때만 해도 발포 시트지가 무엇인지도 몰랐고, 사장님께서 서비스로 해주신다니 감사하다며 인사를 하고 전화를 끊었다. 그리고 다음날 신혼집에 도착해보니 알록달록한 컬러가 들어간 발포 시트지가 주방 벽에 떡 하니 부착되어 있었다.

주방에는 레일 조명을 설치하고 싶었는데, 매장 직원 분께서 레일 조명 구입을 극구 말리셨다. 주방에서 사용하면 기름때가 묻어 조명이 망가진다는 이유였다. 지금 생각해보면 그 논리가 맞는 말은 아니었다. 레일 조명을 설치하고 한 20년쯤 청소 한 번 안하고 지내다 보면 사장님이 말씀하신
기름때로 인해 조명이 망가지는 날이 올 것 같다. 그렇게 해서 주방에는 유리 갓이 씌워진 네모난 조명이 설치됐다.

주방 인테리어를 시작하며 가장 먼저 한 일은 알록달록한 발포 시트지에 페인트를 칠하는 일이었다. 지금 생각해보면 페인팅보다는 발포 시트지 교체가 더 쉽고, 빠르고, 비용 절감의 효과도 있었을 텐데 그때는 이 세상 모든 발포 시트지는 이렇게 알록달록한 줄 알았다.(이전까지 예쁜 발포 시트지를 본 적이 없었는데, 인터넷을 검색해보면 심플한 디자인의 발포 시트지를 저렴한 가격에 구입할 수 있다.)

발포 시트지 표면에 젯소와 페인트를 칠하여 하얀 벽을 만들어주었다. 오염에 취약한 곳이니 바니시도 3회나 칠해주었다.
젯소 2회, 페인트 3회, 바니시 3회까지 총 8회의 칠을 거치는 데 꼬박 하루가 소요됐다. 이때만 해도 페인팅에 대한 지식과 경험이 부족할 때라 페인트칠이 더없이 힘들었던 것 같다. 하지만 모든 작업이 끝난 후 새하얗게 변한 벽을 보니 너무나 행복했다.

그리고 얼마 후 싱크대 페인팅을 해주었다. 싱크대는 벽에 비해 면적이 큰 곳이라 칠하기가 더 어렵고 힘들 거라 생각해서 겁을 먹고 차일피일 미루던 곳이었는데, 막상 페인팅을 해보니 생각보다 어렵지 않았다. 기존 싱크대는 흰색 시트지가 부착된 문과 갈색 무늬 시트지가 부착된 바디로 되어있었다. 싱크대 전체를 화이트로 페인팅하고, 손잡이도 교체해주었다.

싱크대를 페인트로 리폼해주면서 많은 분들께서 오염에 대한 걱정을 하셨는데, 직접 사용해보니 오염에 대한 걱정은 크게 하지 않아도 될 것 같다. 조리 중 양념이 튀더라도 바로 닦아주면 되고, 설거지 중 튄 물들도 닦아주기만 하면 관리에 대한 부담은 전혀 없다.

페인팅하는 것이 어렵다면 손잡이만 교체해주어도 변화를 줄 수 있다. 손잡이는 DIY 쇼핑몰에서 손쉽게 구입할 수 있는데, 개당 1000원 대부터 몇천 원대까지 가격대가 다양하게 형성되어 있다. 손잡이 설치는 전용 공구나 남편 찬스 없이도 드라이버 하나만 있다면 손쉽게 할 수 있다.

손잡이 : 문고＊닷컴 – 베이직 가구 손잡이

원판 재단 : 문고 * 닷컴 - 삼나무 15T

좁은 주방은 조리할 공간은 물론 수납할 공간도 부족했다. 수납도 문제지만 조리 공간이 턱없이 부족해서 주방에서 음식을 할 때면 주방은 아수라장이 되어버렸다.

부족한 조리 공간을 확보하고, 수납 공간을 만들기 위해 수납장을 제작했다. 수납장은 싱크대 하부장과 동일한 폭과 높이로 만들었다. 상부장까지 제작하면 안 그래도 작은 주방이 더욱 작아 보일 것 같았고, 벽면에 설치된 인터폰과 스피커 때문에 상부장을 제작할 환경도 되지 않아 하부 수납장을 제작했다. 수납장은 싱크대와 같은 컬러로 페인팅하고 손잡이를 설치했다. 싱크대부터 이어진 수납장은 거실의 책상과 수납장까지 일자로 이어지는 구조가 되었다. 이렇게 하니 공간이 이어진 듯한 느낌이 들어 주방이 더욱 넓어 보였다.

수납장 안에는 주방용품과 그릇들을 수납하고, 상부에는 선반을 설치하여 개방감을 주었다. 수납장 위에는 식기건조대, 정수기, 토스터기 등을 올려두고 사용했고, 덕분에 부족했던 조리 공간도 확보되었다.

주방 인테리어를 하기 전까지 정수기를 설치할 곳이 없어 생수를 구입해서 먹었는데, 주방 인테리어를 하고 난 후 드디어 꿈에 그리던 정수기를 구입할 수 있었다. 정말 너무너무 기뻤다.

정수기는 좁은 주방에 어울리도록 슬림한 디자인의 화이트 컬러로 구입했다. 좁은 곳일수록 그곳에 들어가는 가전제품의 크기가 크지 않은 것을 선택하고, 주변의 가전이나 주방과 컬러를 통일해주면 좋다.

손잡이 : 문고＊닷컴 – 멜로디 가구 손잡이 / 페인트 : 홈＊톤즈 S2500-N

시간이 흘러 주방 인테리어에 변화를 주기 위해 싱크대 리페인팅을 진행했다. 하얀색 하부
장은 그레이 컬러로 페인팅을 해주었고, 손잡이는 심플한 디자인으로 교체했다.

기존의 2구 손잡이는(나사 구멍이 2개) 1
구짜리 손잡이로 교체를 해주었는데, 이렇
게 되면 손잡이 설치 후 나사 구멍이 고스
란히 남게 된다. 이때는 핸디코트(필러)를
이용하여 보수하면 된다. 페인팅 전 나사
구멍에 필러를 넣어준 후 구멍을 막고 페
인팅을 해주면 나사 구멍을 말끔하게 보수

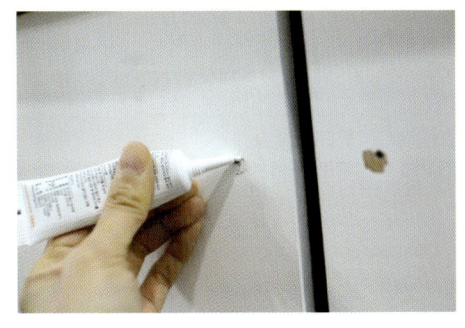

할 수 있다. 보수할 때 실리콘을 사용해도 되는데, 실리콘은 페인팅이 가능한 수성 실리콘
을 사용해야 한다.

시트지 : 시트몰 *

수납장 상판은 대리석 시트지를 부착하기로 했다. 대리석 시트지는 말 그대로 대리석 무늬
의 시트지로, 잘만 부착해두면 대리석으로 착각할 비주얼을 가지고 있다. 가격대가 저렴해
서 리폼 재료로 많이 활용된다.
시트지를 부착할 때 가장 주의해야 할 점은 기포가 들어가지 않도록 부착하는 것이다. 뒷
면의 이형지를 한 번에 제거할지 말고, 조금씩 떼어가면서 기포가 들어가지 않도록 헤라로
밀어주면 기포 없이 깔끔하게 부착이 가능하다.

대리석 시트지는 온라인에서 쉽게 구입할 수 있다. 백색부터 블랙, 베이지 등 다양한 컬러와 무늬의 대리석 시트지가 판매되고 있다. 가격은 한 마에 5천 원 정도로, 수납장 리폼을 위해 시트지 2마를 구입해서 사용했다.

대리석 시트지는 다양한 곳에 활용 가능하다. 테이블 상판, 깡통, 종이 상자, 우드락 등에 시트지를 부착하여 리폼할 수 있고, 동그란 나무에 시트지를 부착한 후 시계 부속을 끼워주면 대리석 시계를 만들 수 있다.

**대리석 시계
만들기**

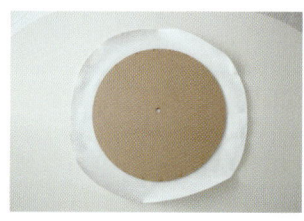

❶

재단한 시트지를 원형 나무에 부착한다.

(원형 나무 대신 우드락, 박스 등을 이용할 수 있다.)

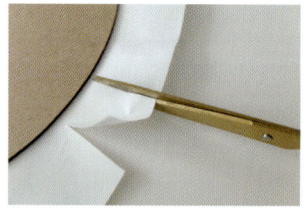

❷

시트지 둘레를 사자 갈기 모양으로 자른다.

❸

드라이기로 열을 쏘여준 후 시트지가 말랑말랑해지면 잡아당겨 가며 부착한다.

(시트지에 열을 가해주면 곡선 부분을 깔끔하게 부착할 수 있다.)

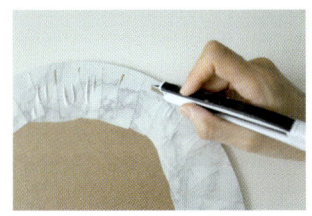

④

칼로 뒷면을 깔끔하게 정리한다.

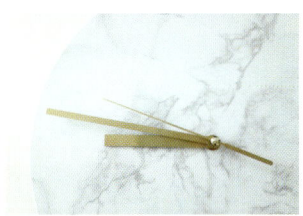

⑤

준비한 무브먼트와 시계바늘을 차례로 끼워 시계를
완성한다.

[TIP]

/ 레일 조명 설치 /

유리 갓이 씌워진 조명을 떼어내고 그 자리에 레일 조명을 설치했다. 일자형 구조의 주방에 맞게 1.5m의 레일에 4개의 조명 기구를 설치했다.

해가 들지 않는 주방은 늘 어두웠다. 기존에 설치되어 있던 조명은 크기도 작을뿐더러 유리 갓 때문에 주방이 늘 어둑어둑했는데, 레일 조명이 설치되고 나니 주방이 한결 밝고 넓어졌다. 좁은 공간일수록 컬러를 밝게 사용하고, 조도를 높여주는 것이 좋다. 동일한 공간이라도 조도가 높은 곳은 공간이 넓어 보이는 효과가 있다.

주방의 크기가 크다면 조명 기구의 수를 늘리는 것으로 조도를 높일 수 있는데, 우리 집의 경우는 주방 크기가 크지 않은 편이라 4개의 조명 기구로도 충분했다.

25평 아파트 주방

이 집으로 이사를 오고 나에게 가장
많은 충격을 안겨준 곳은 주방과 욕
실이었다. 23살짜리 주방은 처참하
다는 표현 외에는 달리 표현할 방법
이 없었다.

싱크대 상태는 이전 집보다 더욱 심각하여 리폼이 불가능했고, 주방 타일은 군데군데 떨어
져 있었으며, 냉장고 자리가 좁아 양문형 냉장고가 들어갈 수 없어 싱크대 반대편에 냉장
고가 위치해야 했다.

냉장고 앞으로는 식탁을 두어야 했기에 냉장고는 뒤태를 고스란히 드러내며 서있을 수밖에 없었다. 출연했던 TV방송 MC분께서 메탈 느낌이 나고 좋다며 이야기를 해주셔서 스튜디오가 웃음바다가 된 적이 있었다.

아무리 고민을 해도 주방은 전문가의 도움이 필요했다. 주방 전체를 시공하면 많은 비용이 들기 때문에 싱크대 제작은 업체의 힘을 빌리고 나머지 작업은 모두 셀프로 진행하는 것으로 계획을 세웠다.

싱크대 업체들을 방문하며 상담을 받았는데, 3120mm 주방 싱크대 최소 가격은 290만 원대였고 대부분 300이상의 견적을 받았다. 300만 원이라는 금액은 너무 부담스러워 저렴하게 할 수 있는 방법을 찾기 위해 열심히 발품을 팔고 검색을 했다.

그러던 중 싱크대 공장을 알게 되었고, 그곳에서 그동안 받아 보았던 견적 비용의 절반 정도 되는 가격으로 싱크대를 제작할 수 있었다.

주문 제작 싱크대는 장점이 정말 많았다. 가격적인 부분이 가장 컸고, 그 다음은 내가 원하는 크기와 구성으로 제작이 가능하다는 점이었다.

나의 키를 고려하여 싱크대 하부장과 상부장의 높이를 결정했고, 서랍과 오븐 수납 등을 내가 필요한 부분으로만 구성할 수 있었다. 싱크볼과 후드, 수전, 쿡탑은 별도로 구입하여 설치했다. 이렇게 하니 어느 것 하나 내 맘에 들지 않는 것이 없어 설치 후 만족도가 매우 높았다.

싱크볼, 후드 : 하＊ / 수전 : 블＊드라팡 / 쿡탑 : 린나＊

많은 사람들이 브랜드 싱크대를 선호하지만 브랜드 싱크대는 가격이 비싸다. 3m 싱크대를 기준으로 브랜드와 비 브랜드는 최대 100만 원 이상 차이가 나는 경우도 있었다. 반드시 브랜드 제품을 고집할 필요가 없다면 비 브랜드의 싱크대를 구입하는 것도 좋은 방법이 될 것 같다. 내 마음에 드는 구성은 물론 비용 절감의 효과도 있으니 경제적인 주방 인테리어를 할 수 있지 않을까 생각이 든다. 비 브랜드의 경우 개인이 운영하는 곳이다 보니 가격이 모두 다르게 측정되어 있어 다양한 곳에서 견적을 받아보는 것이 좋다.

타일 : 어반테 * － 화이트 랜턴타일 135 X 160

타일 부착까지 업체의 도움을 받으면 많은 비용이 들기 때문에 재료 구입 후 셀프 시공을 결정했다. 기존 싱크대가 철거된 후 타일 작업을 시작했다.

타일은 온라인과 오프라인에서 손쉽게 구입할 수 있다. 요즘은 다양한 패턴의 타일들이 판매되고 있고, 어렵지 않게 구입이 가능해서 셀프 타일 시공을 하는 사람들이 점점 늘어나고 있다.

타일 부착에 필요한 재료들 또한 온/오프라인에서 손쉽게 구입할 수 있다.

타일 디자인으로 많은 고민을 하다 호리병 모양의 타일을 시공하기로 했다. 무난한 직각 형태의 타일을 부착할까도 고민했었는데, 조금은 특별한 주방을 만들고 싶어 호리병 타일로 선택했다. 물론 모양이 들어간 만큼 직각 타일보다 난이도가 높은 편으로 타일 간격을 맞추는 것도, 커팅을 하는 것도 어려운 편이다.

타일을 부착하는 방법은 두 가지가 있다. 기존 타일 위에 부착하는 덧방, 그리고 철거 후 부착하는 방식이다.

싱크대 철거 전부터 곳곳에 타일이 떨어져 있거니 떨어지려 하고 있었다. 아니나 다를까 싱크대 철거 후 아슬아슬하게 붙어있던 타일들이 모조리 무너져 내렸다. 하마터면

대형사고가 날뻔한 상황에 가슴을 쓸어내리는 것도 잠시, 수습해야 할 일이 걱정되었다. 남아있는 타일들을 모두 제거해야 하는데 나 혼자 힘으로는 할 수 없는 작업이기에 출근했던 신랑에게 SOS를 쳤다.

남은 타일들을 모두 제거한 후 타일을 부착했다. 타일을 부착할 때는 세라픽스를 사용한다. 벽면에 뿔 헤라(삼각뿔 모양의 헤라)를 이용하여 세라픽스를 골고루 발라준 후 타일 간격을 맞추어 가며 부착한다. 크기가 맞지 않는 타일은 타일커팅기 또는 그라인더를 이용하여 절단해주면 되는데, 저렴한 타일커팅기는 2~3만 원대로 구입 가능하다. 구입이 부담스럽다면 대여를 할 수도 있는데, 타일 공구상 등에서 대여료 5천 원~1만 원 정도를 지불하면 하루를 대여할 수 있다.

타일 부착이 끝난 후에는 타일 사이에 줄눈을 넣어준다. 줄눈은 백시멘트라고도 불리는데, 백색, 흑색, 회색이 판매되고 있다. 줄눈은 물과 섞어 치약 농도로 만들어주면 좋다. 묽게 반죽하면 불필요하게 타일에 묻는 양이 많아 닦아내기가 힘이 들고, 줄눈 표면에 기포나 크랙이 생기는 경우가 많아서 적당한 농도를 만들어주는 것이 좋다.

장갑을 끼고 타일 사이사이 줄눈을 넣은 후 스펀지를 이용해 닦아준다. 이때 스펀지를 빨아가며 4~5회 이상 닦아주어야 타일 표면에 묻어있는 백시멘트를 깨끗이 닦아낼 수 있다. 백시멘트가 마른 후에는 잘 닦이지 않으므로 마르기 전에 닦아내는 것이 중요하다.

줄눈까지 모두 넣어주며 타일 시공이 끝났고, 다음날 아침 일찍 싱크대 설치가 진행되었다.

바로 이틀 전까지 근심을 한가득 안겨주었던 주방은 이틀 후 세상에서 가장 예쁜 주방으로 변신했다. 몸은 힘들었지만 예뻐진 주방에 너무 행복했다.

만약 기존 주방의 촌스러운 타일이 보기 싫다면 타일을 덧방해 리폼할 수 있다. 기존의 타일이 들뜸 없이 단단하게 부착되어 있다면 기존 타일 위로 타일을 붙이는 덧방이 가능하다. 타일 시공은 많은 시간과 노력이 필요한 만큼 난이도가 높은 작업 중 하나이지만, 덧방은 초보자들도 도전해볼 수 있는 작업이다. 만약 타일 시공이 어려워 엄두가 나지 않는다면 발포 시트지나 보닥 타일

(접착식 타일로 타일은 아니지만 타일을 부착한 듯한 효과를 줄 수 있다.), 퍼니월(타일 모양의 플라스틱으로 테이프, 글루건 등으로 부착할 수 있다.) 등을 이용하여 대체할 수 있다.

[TIP 타일]

타일에는 여러 종류가 있다. 타일이라고 해서 어느 공간이나 붙일 수 있는 것은 아닌데, 부착할 곳에 따라 타일의 종류를 꼼꼼히 따져보아야 한다. 타일은 도기질, 자기질, 포쉐린, 시멘트 등 종류가 다양하다. 이 중 가장 많이 사용하는 것이 도기질과 자기질 타일이다. 도기질 타일과 자기질 타일은 굽는 온도가 다르다. 굽는 온도가 다른 만큼 타일의 성분이 다른데, 도기질 타일은 흡수율(물을 흡수하는 양)이 자기질에 비해 높고 강도가 약하다. 자기질은 이와 반대로 흡수율이 낮고 강도가 강하다.
그렇다 보니 둘의 사용 장소가 달라질 수밖에 없다. 싱크대 벽면은 도기질 타일을 사용하고, 욕실이나 현관 바닥 등은 자기질 타일을 사용한다.

도기질 타일

자기질 타일

[TIP]

메탈 느낌을 뿜으며 서있던 냉장고는 가벽을 세워 가려주기로 했다. 가벽은 인테리어에서 많이 쓰이는 방식으로, 공간을 분리하는 용도로 많이 사용된다.

가벽 제작에 앞서 냉장고 위쪽에 위치한 사각등을 떼어내고 펜던트 조명의 전선을 길게 연결하여 조명 위치를 식탁 쪽으로 이동했다. 노출된 전선은 전선 몰딩을 부착해서 가려주었다.

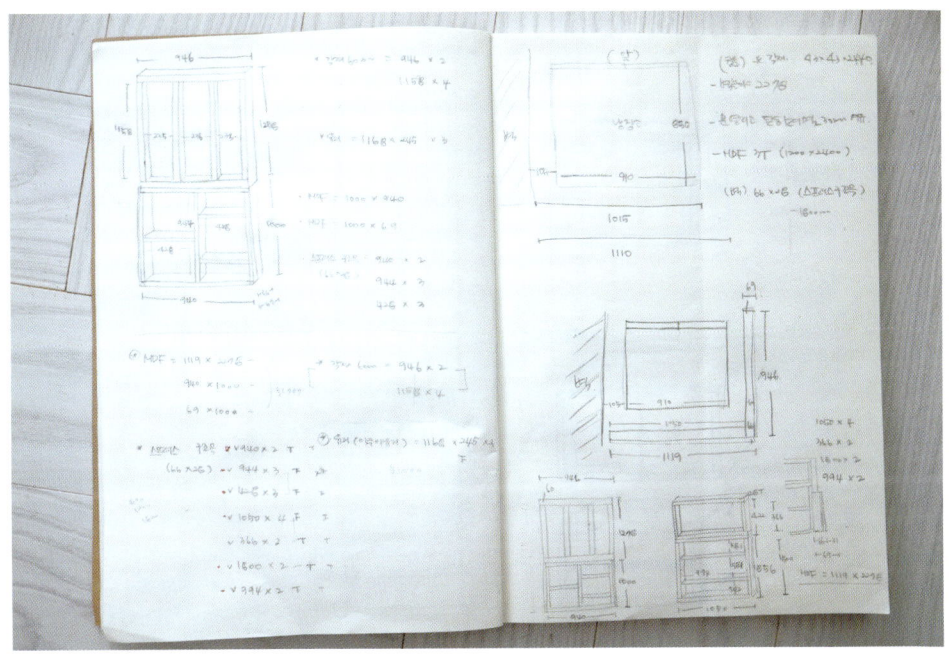

가벽 제작을 위해 도면을 그렸다. 가벽은 한 번도 제작해본 경험이 없기에 도면 작업부터 쉽지 않았다. 냉장고를 가리기 위해 ㄴ자 모양의 가벽을 만들기로 했다. 이렇게 하면 냉장고가 가벽 안쪽에 자리를 잡아 냉장고가 보이지 않을뿐더러, 가벽 앞쪽으로 식탁을 둘 수 있어 공간을 효율적으로 사용할 수 있다.

주문한 재료들이 하나 둘 도착했다. 가벽 사이즈가 큰 만큼 재료의 크기가 크고, 양도 많았다. 가벽에 부착할 MDF가 도착하던 날 너무 큰 사이즈 때문에 엘리베이터에 싣지 못했다. 택배기사님이 1층에 두고 간 커다란 MDF는 저녁이 되어서야 신랑이 계단으로 운반할 수 있었는데, 너무 큰 사이즈 때문에 계단으로 올라오는 것도 쉽지 않았다.

재료를 주문할 때는 엘리베이터 탑승 가능 여부, 일반 배송/화물 배송 등을 체크하여 주문을 해야 한다. 화물 배송은 택배비가 제품 가격보다 많이 발생하는 경우도 생기므로, 이 경우 재료를 반으로 절단하여 주문하는 등의 방법을 사용하여 택배비를 절약할 수 있다.

재료들도 모두 도착했으니 가벽 제작을 시작했다. 먼저 스프러스 구조목으로 골조를 만들어주었다. 골조를 세울 때는 수평과 수직을 맞추는 것이 중요한데, 가벽을 설치할 곳의 수평과 수직이 맞지 않는 상황이라 정말 애를 먹었다. 그렇게 겨우겨우 골조를 세우고 피스를 이용하여 벽과 천정에 고정했다.

가벽을 설치할 때 바닥에 절대 나사를 박아서는 안 된다. 바닥에는 보일러 배관이 지나가기 때문에 자칫 잘못하면 배관이 파손될 수 있어 반드시 벽과 천장에만 나사를 박아 고정해야 한다. 골조를 세운 후에는 타카를 이용하여 MDF를 부착한다.

창문이 있는 가벽을 만들고 싶어 가벽 한쪽 면에는 각재와 아쿠아 유리로 제작한 창문을 넣어주었다. 결론부터 말하자면 창문 반대편에 공간이 있지 않은 우리 집 같은 경우는 창문을 만들지 않는 것이 좋다. 아쿠아 유리 뒤로 냉장고와 냉장고 위에 올려둔 짐들이 고스란히 보여 창문이 제대로 된 기능을 할 수가 없었고, 급기야 가벽 완성 후애써 만든 창문을 막아버렸다.

MDF를 부착한 곳은 타카 자국과 이음새 부분에 틈이 생겨있기 때문에 페인팅 전 핸디코트로 보수를 한다. 헤라를 이용하여 핸디코트를 바르고 핸디코트가 건조된 후 샌딩을 하여 면을 평평하게 만들어준다.

MDF에 페인트를 칠하기 전에는 반드시 젯소를 칠해주어야 한다. MDF에 바로 페인트를 칠하면 MDF가 페인트를 흡수하게 되는데, 젯소를 칠해주면 이것을 막을 수 있다. 특히나 화이트 페인트를 사용 할 때는 젯소를 칠해주어야 밑색이 커버되어 페인팅 횟수를 줄일 수 있다. 또한 추후 색이 누렇게 변하는 것을 방지할 수 있으므로 젯소를 1~2회 칠한 후 페인팅을 진행한다.

페인팅이 끝난 후에는 실리콘 작업이 남아 있다. 창문에는 문틀과 같은 검정색 실리콘을 사용하였고, 천장과 바닥 면에는 흰색 실리콘을 사용했다. 가벽의 천장과 바닥에 실리콘 작업을 해주면 가벽을 단단히 고정시킬 수 있다. 실리콘을 쏠 때는 마스킹 테이프를 부착한 후 작업을 하면 쉽고, 전문가처럼 깔끔하게 시공 가능하다.

식탁 : 이케＊ - 독스타

식탁등 : 블＊드라팡

가벽이 세워지고 난 후 더는 냉장고의 뒤태를 보지 않아도 되었고, 무엇보다 공간이 정리되었다. 가벽 앞에 위치한 식탁도 전보다 예쁜 연출이 가능했고 조명과 소품 등을 이용하여 인테리어를 할 수 있었다.

냉장고나 노출된 주방 살림으로 고민을 하는 사람들이 많은데, 그럴 땐 가벽을 추천한다. 직접 도면을 그려 제작을 할 수도 있지만 자신이 없다면 DIY 쇼핑몰을 이용하면 된다. 요즘은 다양한 디자인의 가벽 만들기 반제품이 판매되고 있어 원하는 디자인 구입 후 조립과 페인팅만 해주면 손쉽게 제작할 수 있다.
별도의 드레스 룸이 없다면 침실 한쪽에 가벽을 설치하여 드레스 룸 공간을 만들 수도 있는 등, 가벽은 공간 분할의 효과와 함께 지저분한 것을 가려주는 역할까지 해주어 보다 깔끔한 인테리어를 완성할 수 있다.

[**TIP** 인터넷 쇼핑몰]

DIY 쇼핑몰
문고＊닷컴 http://www.moongori.com
손잡＊닷컴 http://www.sonjabee.com
페인＊인포 http://www.paintinfo.co.kr

페인트 쇼핑몰
홈＊톤즈 http://www.homentones.com
벤자＊무어 http://www.benjaminmoore.co.kr
＊에드워드 http://jeswood.com

[TIP]

인테리어의 완성은 역시나 조명이다. 집에 식탁 조명과 레일 조명을 설치했다. 우리 집 레일 조명은 조금 특별한데, 펜던트 조명을 구입한 후 레일 부속을 연결하여 레일 조명을 만들었다. 주방은 처음부터 끝까지 내가 디자인하여 만들어준 나만의 공간이기도 하고, 나의 로망이 깃든 곳인 만큼 조금 더 특별하게 연출하고 싶어 선택한 방법이었는데 결과는 대성공이었다.

조명 설치 후 냉장고나 싱크대 문을 열고 닫는 것이 불편하지는 않을까, 남편이 지나다니기 불편하지는 않을까 걱정했지만 문을 열고 닫는 데도, 지나다니는 데도 전혀 지장을 주지 않았다.

주방에 설치한 조명은 모두 전구색(노란색)을 사용했는데, 노란 불빛 덕분에 아늑하고 분위기 있는 주방이 완성되었다.

레일 조명 : 라디 * - 펜던트 조명 '보리'

노란 불빛은 음식을 더욱 맛깔스러워 보이도록 도와주기 때문에 같은 음식이라도 주광색(흰색불) 아래서 먹는 것과 전구색(노란색) 아래서 먹는 것은 분위기가 매우 다르게 느껴진다. 특히 남편 퇴근 후 맥주 한 잔을 마실 때면 노란 불빛이 맥주를 마시기 좋은 분위기로 만들어준다. 덕분에 우리 부부는 맥주 1일 1캔 중.

노란 불빛이 부담스럽다면 주백색(내추럴 화이트)을 추천한다. 주백색은 전구색(노란색)과 주광색(흰색)의 중간 색인 웜화이트 정도의 불빛으로, 거실이나 방 어느 공간에서든 사용하기에 부담이 없다.

터치등 : 이케* – STOTTA

싱크대 하부장에는 건전지 타입의 터치등을 설치해주었다. 어두운 밤 물 한 잔 마실 때 굳이 메인등을 켜줄 필요 없이 터치등을 사용하면 매우 편리한데, 건전지 타입으로 되어있으니 전기작업도 필요 없고, 설치도 간단하여 주방 포인트등으로 추천하는 제품이다.

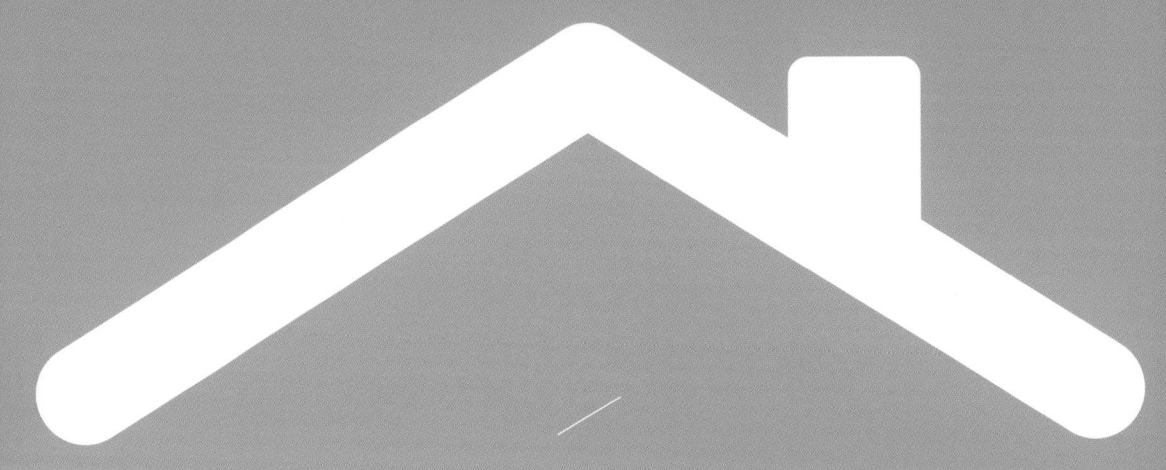

CHAPTER
07

드레스 룸

옷장을 침실과 분리하여 드레스 룸을 별도로 만들어주는 경우가 많다. 2인 가족의 경우 침실, 드레스 룸, 서재 등으로 공간을 분리하여 사용할 수 있기 때문에 굳이 옷장을 침실에 둘 필요가 없다. 드레스 룸에 대한 수요가 늘어나면서 다양한 헹거와 드레스 룸 가구들이 출시되고 있다. 브랜드의 제품부터 드레스 룸 맞춤 제작 업체, 조립식 헹거까지 다양한 스타일이 판매되고 있어 소비자의 선택의 폭이 넓어졌다. 브랜드에서 출시되는 드레스 룸 가구는 필요한 구성을 선택하여 구입할 있지만, 크기가 정해져 있다 보니 자투리 공간이 발생하는 경우가 많다. 맞춤 시공은 원하는 디자인과 구성이 가능할 뿐 아니라 자투리 공간이 발생하지 않는 장점이 있지만 가격대가 조금 높은 편이다. 조립식 헹거의 경우도 다양한 제품들이 출시되고 있다. 저렴한 제품부터 고가의 제품까지 가격대가 다양하게 형성되어 있으며, 선반,

바구니 등을 내가 원하는 대로 조립하여 만들 수 있어 편리하다.

서재

우리 집은 방 2개짜리 집이기에 침실, 드레스 룸, 서재로 공간을 분리할 수가 없었다. 침실에서는 수면에만 집중하고 싶어 작은 방을 드레스 룸 겸 서재로 활용하기로 했다.

복도 쪽 벽에는 웃풍을 차단하기 위해 17평 침실과 동일한 방법으로 단열 벽지 시공 후 페인팅을 해주었다. 드레스 룸의 한쪽 면은 서재로 활용하기로 했는데, 처음 계획은 가벽을 세워 공간을 분리해주는 것이었지만 방의 크기가 크지 않아 가벽을 세울 수가 없었다. 가벽 대신 선택한 방법은 페인팅이었다. 책상이 놓일 곳에 다크 그린 컬러로 페인팅을 해주어 공간이 분리되는 느낌을 주기로 했다.

벽과 천장은 모두 화이트 컬러로 페인팅했고, 책상이 놓일 부분은 다크 그린 컬러로 페인팅했다.

이곳에 놓일 책상은 직접 제작했다. 원하는 디자인을 스케치한 후 상판 재단과 다리 제작을 각각 요청하여 배송 후 조립했다. 주문 제작을 할 경우 원하는 디자인과 사이즈로 세상에 하나뿐인 나만의 가구를 만들 수 있다는 장점이 있지만, 결코 비용이 저렴한 것만은 아니다. 이것은 어느 곳에 가치를 두느냐에 따라 다른 것 같은데, 나 같은 경우는 일정 부분 비용을 투자하더라도 나만의 가구를 갖기를 원했다.

상판 주문 : RA * CNC / 다리 주문 : 철이든나 *

서재 공간은 다크하게 연출하고 싶어 책상 상판을 블랙 컬러로 페인팅했다. 벽에는 골드 컬러의 선반을 설치했는데, 다크한 공간에 골드 컬러가 포인트 역할을 해줄 뿐 아니라 고급스러운 분위기를 연출해주었다.

골드 선반 : 아키타 *

드레스 룸

헹거 : 이케* - ALGOT

17평에서 지내던 시절 거실에 옷장이 자리하고 있다 보니 불편한 점이 많았다. 시부모님이 올라오셔서 거실에서 주무시는 날이면 출근 준비를 하기 위해 옷을 갈아입는 일이 여간 불편할 수가 없었고, 부부만 지낼 때에도 속옷을 갈아입거나 할 때에는 주방이나 침실로 이동하여 갈아 입는 경우가 많았다. 이때부터 드레스 룸에 대한 꿈이 생겼고, 이곳으로 이사를 오면서 작은 방은 앞뒤 가릴 것도 없이 드레스 룸으로 결정이 났다.

책상이 놓일 곳을 제외한 곳은 드레스 룸으로 활용했다. 벽에는 헹거를 설치해주었는데, 선반과 바구니 등 구성을 내 맘대로 선택하여 조립할 수 있을 뿐 아니라 가격도 저렴하다. 그간 비좁은 옷장에 봄, 여름, 가을, 겨울 사계절 옷과 이불까지 수납을 해왔었다. 옷들은 늘 빼곡하게 꽂혀 있어서 옷을 꺼낼 때면 늘 꾸깃꾸깃 구김이 가 있었다. 그러나 이젠 드레스 룸이 생겼고 공간을 여유롭게 사용할 수 있게 되었다. 헹거에는 계절 옷만 꺼내두며 사용했고, 선반에는 리빙 박스를 올려두어 계절을 타지 않는 옷들을 수납했다.

와이드 서랍장을 구입하여 속옷과 양말 등을 넣어주었다. 보통 헹거만 설치할 경우 속옷과 양말 등을 넣어줄 공간이 없게 된다. 공간을 보다 깔끔하게 사용하려면 보이지 않는 수납을 하는 것이 좋은데, 나는 가구에 문짝을 설치한다거나 하는 방식으로 보이지 않는 수납을 하고 있다. 서랍장도 좋은 방법 중 하나인데, 이곳에 정리가 어려운 속옷, 양말 등을 포함하여 벨트, 장갑 등을 넣어주면 정리도 쉽고, 찾아 쓰기도 편리하고, 무엇보다 드레스 룸을 보다 깔끔하게 유지할 수가 있다.

서랍장 : 리 * - 와이드 서랍장

옷장 : 마켓 * - HALUS

리빙 박스 : 루맥 * - 슬라이딩 리빙 박스

옷장은 정리가 조금 덜 되어있더라도 문을 닫아두면 되었지만 헹거는 오픈되어있기 때문에 늘 정리에 신경을 써야 한다. 오픈된 공간이라 먼지가 쉽게 쌓이기 때문에 선반은 수시로 닦아주며 관리해야 한다.

헹거 설치로 옷을 여유 있게 정리할 수 있게 되었지만 문제는 이불과 계절 외투(패딩, 코트 등)였는데, 붙박이장 등 수납할 공간이 없다 보니 이것들을 정리하는 것이 고민되었다. 한동안 작은 방 한쪽에 자리하고 있던 책상을 거실로 이동하고 이곳에 옷장을 두었다.

옷장에 이불과 러그, 계절 외투 등 부피를 많이 차지하는 것들을 넣어주면서 이불 수납에 대한 고민이 해결되었다. 두꺼운 이불은 그냥 보관할 경우 부피를 많이 차지하게 되는데, 이때는 압축 팩을 이용하면 동일한 공간에 많은 양을 수납할 수가 있다.

옷장 상단에도 리빙 박스를 이용하여 옷을 수납했다. 리빙 박스는 수납을 할 때 애용하는 아이템이다. 단독으로 사용해도 좋고 여러 개를 함께 사용할 수도 있는데, 뚜껑에 홈이 있어 박스를 위로 쌓을 수 있다. 바닥에는 바퀴를 설치하여 무거운 박스를 쉽게 이동시킬 수도 있다. 다양한 사이즈가 판매되고 있어 사용할 공간에 맞는 크기의 제품을 구입하면 된다.

캐비닛 : 마켓* - 모던세로 중 2문 수납장

헹거, 옷장, 서랍장까지 있는데도 수납공간은 늘 부족했다. 창가 쪽에 양문형 캐비닛을 두어 가방과 모자 등을 넣어두며 부족한 수납을 해결했다. 다른 가구들과 조화를 이루며 공간이 답답해 보이지 않도록 하기 위해 동일한 컬러의 심플한 디자인을 구입했다.

화이트 컬러로 꾸며진 드레스 룸에 컬러를 넣기로 했다. 문을 열고 들어오면 정면으로 보이는 벽 두 곳에 뉴트럴 컬러로 분할 페인팅을 해주었다.

화이트한 공간에 컬러가 더해지니 전보다 포근하면서도 분위기 있게 바뀌었다. 동일한 가구에 컬러만 추가되었을 뿐인데도 전과는 다른 분위기에 기분이 새로웠다. 매일 똑같은 공간이 지겨워졌다면 컬러에 변화를 주면 좋다. 오래되어 누렇게 변한 벽지를 페인팅으로 깔끔하게 바꿔주거나, 어둡고 칙칙한 벽지를 밝은 컬러로 페인팅해주면 같은 공간, 같은 가구라고 할지라도 전과 다른 분위기를 연출할 수 있다. 만약 페인팅이 어렵다면 셀프 도배를 추천한다.

도배는 풀을 바르고 벽지를 붙이는 등의 고난이도 작업으로 여겨지지만 요즘은 셀프 도배를 할 수 있는 제품들이 많이 출시되고 있다. 풀 바른 벽지는 주문하면 벽지 뒷면에 풀을 발라 배송해준다. 도착한 벽지는 상자에서 꺼내 벽에 부착만 해주면 되는데, 처음엔 조금 어려워도 한두 번 부착하다 보면 금세 손에 익어 어렵지 않게 할 수 있다. 풀 바른 벽지도 어렵다면 물에 빠진 벽지를 추천한다. 물에 빠진 벽지는 벽지를 물에 담갔다 빼면 뒷면에 풀이 생겨있어 그대로 부착하면 된다. 혹시라도 잘못 붙이면 떼어서 다시 부착할 수 있고, 도배를 새로 하거나 부착해둔 도배지가 지겨워 제거하고 싶을 때 자국 없이 쉽게 떼어낼 수 있다. 하지만 풀 바른 벽지에 비해서는 고가로 판매되고 있으니 본인에게 맞는 제품을 구입하여 사용하면 된다.

분할 페인팅하는 방법

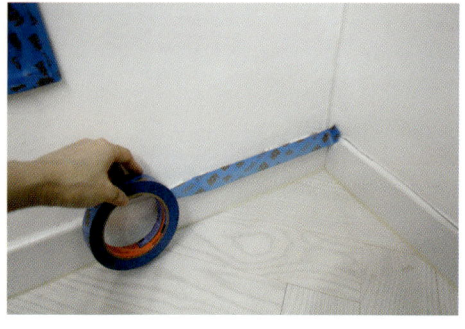

1

마스킹 테이프와 커버링 테이프를 부착하여 보양작업을 한다.

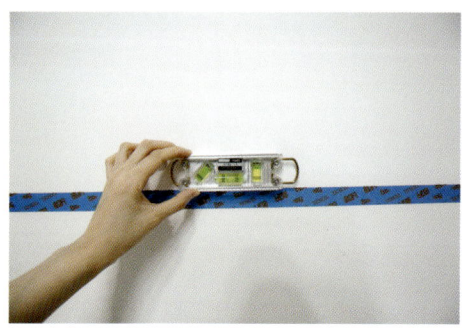

2

분할할 부분에 마스킹 테이프를 부착한 후 수평계를 이용하여 수평을 확인하다.

(수평계가 없다면 어플을 활용할 수 있다.)

3

붓과 롤러를 이용하여 2회 페인팅 해준다.

(경계 부분의 페인트가 번지지 않도록 붓으로 마스킹 테이프 위쪽부터 반대 방향으로 쓸어내리듯 칠해준다.)

4

페인트가 반건조 상태일 때 보양작업을 제거한다.

⑤

완성

[TIP]

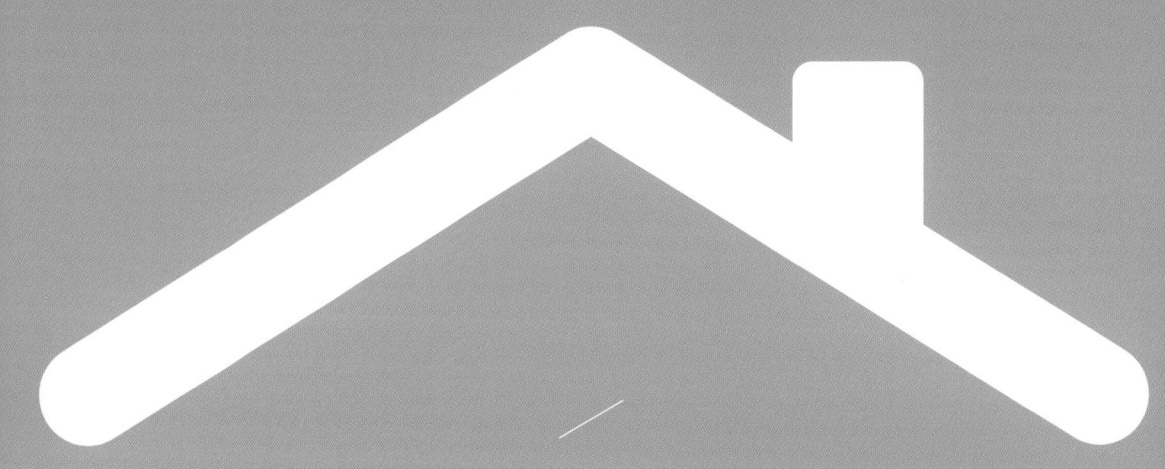

CHAPTER
08

베란다

베란다는 어떻게 사용하느냐에 따라 창고가 되기도, 카페가 되기도 한다. 거실을 넓게 사용하기 위해 베란다를 확장하는 경우가 많은데, 만약 베란다를 가지고 있다면 이곳을 좀 더 특별하게 연출할 수 있다.

베란다가 있으면 거실이 좁아질 수 있지만 그 외에 장점도 많은 편이다. 한겨울 냉기를 차단해준다거나 짐을 쌓아둘 수 있는 공간이 생기는 등, 베란다가 주는 장점도 많은 것 같다. 베란다는 큰 창으로 되어있다 보니 사생활에 대한 우려를 안 할 수가 없는데, 베란다 창문에 블라인드를 설치하면 사생활 보호에 도움이 된다.

블라인드 : 디자인 그리 * - 화이트 우드 블라인드

오래된 아파트는 베란다 내부의 페인트가 일어나고 벗겨진 경우가 많다. 우리 집 역시 천장 페인트가 들뜨고 벗겨져 있었다. 오래된 아파트라서 건물 외부의 크렉이나 샷시 틈으로 빗물이 유입되어 내부로 스며들고, 습기로 인해 페인트가 들뜬 것이다. 그대로 두고 보기에는 외관상 좋지 않고, 쉴 새 없이 떨어지는 하얀색 가루로 베란다가 지저분해져서 보수를 하기로 했다.

우글거리는 페인트는 헤라(또는 스크래퍼)를 이용하여 긁어낸 후 200방 사포로 샌딩했다. 이제 페인팅을 해야 하는데, 일반 페인트로 칠하면 외부에서 들어오는 빗물로 인해 얼마 지나지않아 페인트가 일어나고 벗겨질 것이기에 방수 페인트를 칠하기로 했다.

방수 페인트 : ＊에드워드 － 덤프록 / 페인트 : 홈＊톤즈 － 드웰 백색

빗물이 유입되는 천장은 덤프록 3회, 벽은 젯소 2회와 페인트 2회를 칠해주었다.
덤프록은 1회 도장 4시간 후 다시 도장을 해야 해서 이틀에 걸쳐 페인팅을 진행했다.
누렇고 오염이 심한 벽은 물론, 페인트가 벗겨진 천장까지 말끔하게 페인팅이 되었다.
천장은 방수 페인트를 칠해주었지만 문제가 완전히 해결된 것은 아니다. 페인트가 일어나
는 이유는 건물 외벽의 크렉이나 샷시 틈으로 들어오는 빗물이 원인이기 때문에, 크렉을 보
수하거나 샷시 틈을 보수하는 등의 근본적인 원인을 해결하기 전에는 페인트는 다시 일어
날 수밖에 없다. 방수 페인트는 이러한 과정을 조금 늦춰주는 역할을 하기 때문에 일반 페
인트보다 방수 페인트를 사용하는 것이 좋다.

우리 집처럼 오래된 아파트라면 베란다에 세월의 흔적을 고스란히 볼 수 있는 타일이 시공되어 있을 것이다. 베란다 바닥에 타일을 새로 시공하면 좋겠지만 면적이 넓은 만큼 시공을 하기가 쉽지 않고, 많은 비용을 지출해야 했다. 타일보다 간편한 방법이 없을까 알아보던 중 코일 매트를 발견했다. 코일 매트는 코일이 꼬여있는 형태로 되어 있는데, 가격 부담도 없고 칼과 가위로 손쉽게 절단이 가능하여 설치가 쉽다.

코일 매트는 뒤가 막힌 것과 막히지 않은 것이 있다. 베란다나 욕실 등에서는 배수가 용이해야 하므로 뒤가 뚫린 제품을 사용해야 한다.

코일 매트 : 위 * 코일 매트 - 그레이

코일 매트를 베란다에 깔아주었다. 베란다 폭과 사이즈가 딱 맞아 떨어져서 길이를 맞추는 것 외에는 별도의 재단도 필요 없었다.

우리 집 베란다는 물을 사용할 일이 없어 뒤가 막힌 코일 매트를 구입했었는데, 물 사용은 없지만 비가 오는 날이면 배관을 타고 흘러내리는 물이 베란다로 유입되어 매트 바닥에 고여있게 되었다. 막히지 않은 제품이라면 고인 물이 시간이 지나 증발하겠지만 뒤가 막힌 매트는 물이 증발하지 못해 고여있게 되고, 곰팡이가 생겨나기도 했다. 만약 베란다에서 사용을 하는 경우라면 반드시 뒤가 막히지 않은 제품을 구입하길 추천한다.

아이들 방에 있는 작은 베란다는 아이들 놀이 공간으로 활용되는 경우가 많다. 이곳에 코일 매트를 깔아주면 신발을 신지 않고 맨발로 나갈 수 있고, 푹신한 바닥 덕분에 아이들이 넘어져도 안심할 수 있다. 청소기 사용도 가능하니 청소에 대한 걱정도 없다.

데크 : 아리＊퍼니쳐 – YUN GREY 조립마루

매트 바닥에 고인물로 인해 곰팡이가 생긴 곳이 많아졌고, 코일 매트 대신 데크를 설치하기로 했다.

데크는 바닥에서 일정 높이 올라와 있어 베란다 바닥에 물이 고이더라도 걱정 없이 사용할 수 있었다. 데크는 설치하는 방법에 따라 여러 가지 모양을 만들어줄 수 있는데, 나는 데크를 일자 모양으로 설치했다. 이렇게 하면 깔끔할 뿐 아니라 베란다가 좀 더 길어 보이는 효과를 줄 수 있다. 데크는 설치가 매우 쉽고, 이사를 갈 때 쉽게 분리 운반이 가능한 장점이 있다. 방수 효과가 있어 외부 테라스 등에도 설치 가능하다.

카페 스타일 베란다

베란다 카페라는 말이 있을 정도로 베란다를 활용하는 사람들이 많다. 나도 거실에서 사용하던 책장을 베란다로 옮긴 후 그 앞으로 작은 테이블과 의자를 두었다. 베란다가 넓지 않은 편이기에 크기가 작은 테이블을 선택했다. 카페로만 활용할 경우 티 테이블 정도만 두어도 좋지만 이 당시만 해도 베란다를 간단한 소가구 등을 만드는 곳으로 활용할 계획이었기에 작업이 가능한 정도의 테이블을 두었다.

테이블과 함께 의자를 두어 이곳에서 책도 보고, 노트북을 하고, 커피도 한 잔 마시는 등 나만의 아지트로 활용하고 싶었다.

커다란 샷시에는 화이트 우드 블라인드를 설치했다. 오래된 아파트의 은색 샷시가 매번 눈에 거슬렸는데 블라인드 설치로 샷시도 가리고, 사생활 보호도 할 수 있었다.

카페 스타일 베란다에 어울리는 조명도 추가하며 나만의 아지트를 만들어 주었다.

겨울이 되면서 베란다 카페는 문을 닫았다. 베란다에 있던 작은 테이블은 거실로 이동하여 책상으로 활용하고, 베란다에는 수납장을 두어 DIY 재료들을 수납했다.

책장에는 DIY 재료들이 가득 채워져 있었는데, 정리를 열심히 해도 지저분해 보여 앞쪽으로 가리개 커튼을 설치했다.

가리개 커튼은 원단과 압축 봉, 집게 링만 있다면 손쉽게 만들 수 있다. 문이 없는 가구에 문 대용으로 설치하거나, 지저분한 세탁실, 베란다 등을 가려줄 때 사용하면 좋다.

재봉틀이 없다면 원단의 시접 부분을 해결하는 것이 쉽지 않은데, 이때는 양면 테이프를 부착하면 시접 문제를 해결할 수 있다.

❶

원하는 크기로 원단을 재단한다.
(이때 시접 부분을 고려하여 원단을 재단한다.)

❷

원단 테두리에 양면 테이프를 부착한 후 반으로 접어
올 풀림을 방지해준다.

❸

압축 봉에 집게 링을 끼운 후 설치한다.

❹

집게로 커튼을 집어준다.

[TIP]

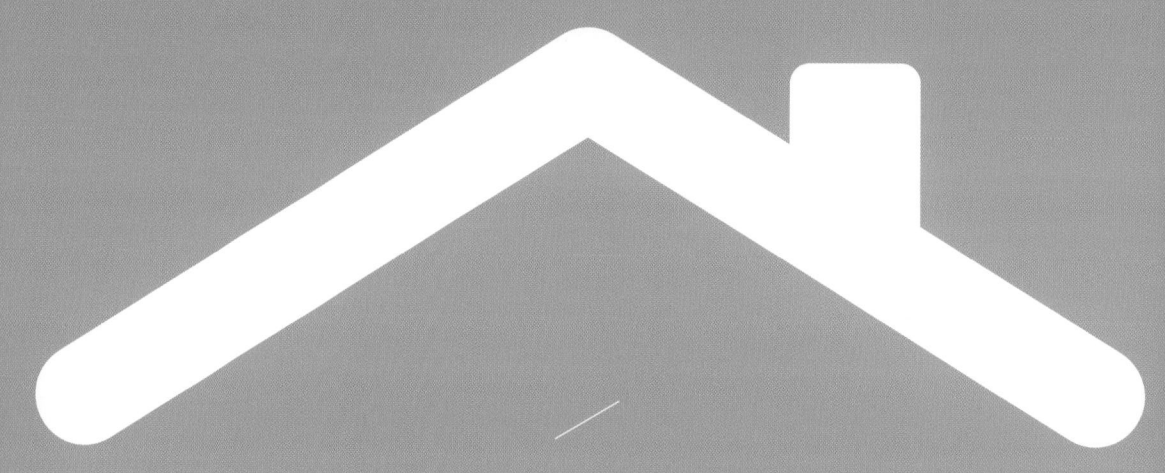

그 외 공간들

욕실은 많은 소품을 둘 공간이 없기 때문에 소품을 추가하는 것보다는 기존의 것들을 바꿔주는 것으로 인테리어를 할 수 있다.

욕실에서 사용하는 샴푸, 린스, 바디워시 등은 모두 디자인과 크기가 달라 아무리 잘 정리를 해둔다 할지라도 지저분해 보인다. 이때는 디스펜서를 이용하면 도움이 되는데, 디스펜서의 디자인을 통일해주면 욕실이 한결 깔끔해지고, 디스펜서가 소품의 역할까지 해주어 예쁜 욕실을 만드는 데 도움이 된다. 디스펜서에 덜어서 사용하는 것이 번거롭다고 생각할 수 있지만 2인 가족의 경우 용기를 채워주는 주기가 길기에 번거롭게 느껴지지 않는다.

단색 샤워 커튼 : 이케 *   무늬 샤워 커튼 : H& * home

샤워 커튼을 활용하여 변화를 줄 수도 있다. 샤워 커튼은 물을 막아주는 효과와 함께 인테리어 효과까지 가지고 있다. 샤워 커튼을 사용하면 샤워 시 문에 물이 튀는 것을 막아주어 습기로부터 욕실 문을 보호할 수 있고, 디자인이 다른 샤워 커튼으로 교체해주면 액자를 바꿔줄 때처럼 분위기 전환의 효과도 있다.

욕실이 조금 삭막해 보인다면 행잉 식물을 걸어주면 도움이 된다. 공간에 식물이 더해지면 생기를 불어 넣어주는 효과가 있다.

습기 먹은 욕실 문은 보수를 해주는 것이 좋다. 상태가 심각하다면 문짝을 교체하는 것이 좋지만, 그렇지 않은 경우라면 핸디코트로 보수를 한 후 페인팅을 해주면 새것처럼 깨끗한 문으로 바꿀 수 있다.

도어사인 : 에프터 * 이어

손잡이 : 문고 * 닷컴

여기에 어울리는 손잡이를 설치하고, 도어사인을 부착하면 더욱 예쁜 문을 갖게 된다. 도어사인도 인테리어 아이템 중 하나로 사용되고 있는데, 다양한 디자인의 제품들이 다양한 가격대로 판매되고 있다. 포인트를 주기 어려운 문은 도어사인이 포인트의 역할을 해준다.

욕조 페인트 칠하기

오래된 아파트의 경우 욕실에 있는 세면대, 욕조, 변기 등이 오래되어 누렇게 변색된 경우가 많다. 욕실은 셀프로 공사를 진행하기 어려운 부분이 많고, 자칫 잘못 공사를 할 경우 누수의 문제가 발생할 수 있어 더욱 조심스럽다. 그렇다고 전문 업체에 맡기자니 만만치 않은 비용으로 공사를 망설이게 된다.

세면대는 셀프로 교체할 수 있는 자재들이 많이 판매되고 있어, 큰 어려움 없이 새것으로 교체할 수가 있다. 하지만 욕조의 경우는 셀프 교체를 하기가 쉽지 않다.

 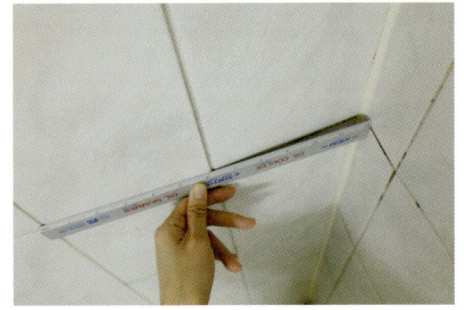

25평 아파트의 욕실은 그 어느 곳보다 상황이 좋지 않았다. 한 번도 리모델링을 거치지 않은 욕실은 벽에 붙어있던 타일 대부분이 배부름 현상(벽에서 타일이 들떠있어 옆에서 보면 마치 배가 튀어나온 것 같은 모습)이 일어나 언제 무너져 내릴지 모르는 상황이었고, 세면대와 욕조는 곰팡이가 심하게 피어있었다.

욕조와 세면대는 페인트가 칠해져 있었다. 일반 유성 페인트로 칠해져 있던 욕조와 세면대는 페인트가 심하게 벗겨져 있을 뿐 아니라 페인트와 욕조 사이로 물이 스며들어 어마어마한 곰팡이가 생겨있었다. 청소를 해도 닦이지 않는 곰팡이는 날이 갈수록 점점 심해져 갔고, 여름이 다가오자 곰팡이는 물론 악취까지 풍기며 욕실 사용을 힘들게 했다.

여러 곳의 업체에 문의한 결과 대략 300만 원의 견적을 받을 수 있었다. 300만 원의 비용 지출이 부담되어 오랜 시간 고민한 끝에 셀프 욕실 리모델링을 결정했다.

욕실 리모델링을 셀프로 진행할 경우 누수 등의 문제가 발생할 수 있어, 사전에 꼼꼼히 체크하고 오랜 시간 공부를 하며 준비했다.

기존 타일을 보수하고, 타일 덧방을 해주었다.

타일은 종류별로 가격대가 다양하기 때문에 어떤 타일을 사용하느냐에 따라 전체 비용에 큰 영향을 준다. 타일은 온라인과 오프라인에서 구입할 수 있으며, 온라인의 경우 소량을 구매하면 배송료 부담이 없지만 욕실 리모델링처럼 많은 양을 사용해야 할 경우는 택배 배송이 되지 않는 경우가 생기기도 하고, 택배 배송을 하더라도 묶음 배송이 되지 않아 많은 비용을 지불할 수 있으니 이 부분을 반드시 체크한 후 구입해야 한다.

타일 시공 후 세면대와 수전, 거울, 수납장 등을 모두 교체해주었다. 하지만 욕조는 셀프로 교체하는 것이 쉽지 않고, 철거를 하면 방수 공사를 진행해야 하므로 기존의 욕조를 리폼하여 사용하기로 했다.

가장 먼저 기존의 페인트를 벗겨내야 했다. 페인트 제거 작업은 어려움이 예상되었으나 오랜 시간이 소요된 것을 제외하면 작업은 그리 어렵지 않았다.

커터 칼로 페인트를 대패로 밀어내듯 벗겨내며 욕조 전체에 칠해져 있던 페인트를 모두 제거했다.

그 후 욕조 전용 페인트를 이용하여 페인팅을 진행했다.

욕조 페인트의 경우 일반 페인트와 달리 코팅제가 첨가되어 있다. 수성 페인트에 비해 작업과정이 길고, 페인트의 냄새가 심한편이라 반드시 환기를 한 상태에서 마스크를 착용하고 페인팅을 진행해야 하며, 24시간

정도 물을 사용하지 않고 건조를 해주어야 한다.

사용한 도구는 세척이 되지 않으며, 주변에 묻은 페인트를 제거하기 어렵기 때문에 페인팅 전 페인트가 묻지 않아야 할 곳에 보양작업을 꼼꼼히 해주어야 한다.

①

욕조에 연마제와 소량의 물을 넣어준 후 사포로 욕조 전체를 샌딩한다.

②

샌딩한 욕조를 물세척한 후 물기가 없도록 건조한다.

③

퍼티를 이용하여 상처 난 부분을 보수하고, 건조 후 샌딩한다.

④

페인팅할 곳을 제외하고 마스킹 테이프와 커버링 테이프를 이용하여 보양작업한다.
(욕조 전용 페인트는 바닥이나 주변에 묻을 경우 닦아내기가 쉽지 않으므로 페인팅 전 보양작업을 더욱 신경써서 해야 한다.)

⑤

코팅제에 경화제를 혼합한 후 충분히 섞어준다.
(작업 전 반드시 장갑을 착용한다.)

❻

붓으로 모서리와 배수구 등 롤러가 닿지 않는 부분을 페인팅해준다.

(욕조 전용 페인트는 제형이 찐득하기 때문에 일반 수성 페인트에 비해 칠하기가 뻑뻑하고, 붓을 여러 번 터치할 경우 붓 자국이 생기기 쉬우므로 주의한다.)

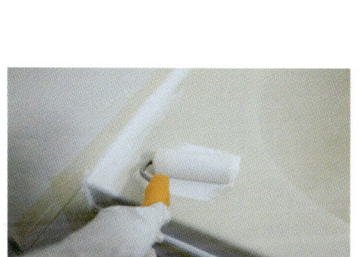

❼

롤러를 이용하여 나머지 부분을 칠한다. 1차 페인팅의 경우 원료의 1/3 가량을 사용하며, 얇고 고르게 칠해야 한다. 1차에 사용한 롤러는 재사용이 불가능하므로 비닐봉투에 넣어 버린다.

새 롤러를 이용하여 1시간 후 2차 페인팅을 진행하고, 마스킹 테이프를 제거한다.

(수도꼭지의 경우 48시간이 지난 뒤 비닐을 제거한다.)

❽

건조된 욕조 테두리에 실리콘 작업을 위해 마스킹 테이프를 부착한다.

(마스킹 테이프를 부착하면 실리콘 작업을 쉽고 깔끔하게 할 수 있다.)

❾

욕조용 실리콘을 욕조 테두리에 쏘아준 후 실리콘 헤라로 밀어준다. 마스킹 테이프를 제거한 후 24시간 건조한다.

⑩
완성

―― [TIP]

현관은 집에 들어올 때 가장 먼저 마주하는 공간인 만큼 첫인상을 좌우하는 역할을 한다.

페인트 : 홈 * 톤즈 드웰 S900-N

오염되고 더러워진 현관문은 페인팅을 하여 리폼할 수 있다. 현관문은 철제로 되어 있기 때문에 젯소를 칠한 후 페인팅해야 한다. 문을 열어두고 페인팅을 해야 하니 추운 겨울은 피하는 것이 좋다. 특히나 페인트는 온도의 영향을 많이 받기 때문에 춥거나 습한 날 페인팅을 하면 페인트가 제대로 건조되지 않아 작업이 제대로 이루어지지 않으니, 페인팅을 계획하고 있다면 화창하고 맑은 날 진행하는 것이 좋다.

타일 : 어반테 * − 헤링본 타일

현관 바닥은 헤링본 타일을 시공해주었다. 바닥에 부착해야 하므로 강도가 높고 흡수량이 적은 자기질 타일을 사용했다. 장시간 바닥에 쭈그리고 앉아 바닥 타일 작업을 하다 보니 힘이 많이 드는 편인데, 특히나 헤링본 타일 작업은 다른 타일들에 비해 난이도가 높은 작업이라 타일 시공을 하면서 고생을 많이 했었다. 하지만 완성된 모습을 보니 힘든 것도 잊혀질 만큼 예뻤다.

센서등 : 비 * 조명

오래된 낡은 센서등을 떼어내고 예쁜 디자인의 센서등으로 교체해주었다. 조명을 설치하는 일은 방법만 익힌다면 어려운 작업은 아니지만, 전기를 만지는 일이다 보니 첫째도 둘째도 안전이 가장 중요하다. 작업 전에는 차단기를 내린 후 작업을 해야 한다.

요즘은 다양한 디자인의 센서등이 많이 판매되고 있다. 1~2만 원대 제품부터 10만 원 이상의 제품까지 다양하게 판매되고 있으며, 온라인 조명 쇼핑몰이나 오프라인에서 쉽게 구입할 수 있다.

침실과 거실 중간에 있는 벽에는 인터폰이 설치되어 있다. 버려지기엔 아까운 공간이지만 큰 가구가 놓이면 통행에 방해를 주게 된다.

수납장 : 이케* - STALL

슬림한 디자인의 신발장을 이곳에 설치했다. 앞뒤 폭이 14cm밖에 되지 않는 수납장은 설치 후에도 동선에 방해를 주지 않았다. 신발장으로 출시된 제품이지만 이곳에 수건을 넣어주었다. 욕실 문 바로 앞에 위치하고 있어 수건 사용이 편리하고, 수납장 위쪽은 디퓨저와 화분 등을 올려두며 데코존으로 활용할 수 있게 되었다.

고양이가 사는 집이다 보니 집안 곳곳에 고양이 용품들이 많은 편이다. 특히나 고양이 화장실은 공간을 많이 차지할 뿐만 아니라 인테리어와 어울리지 않았다.

그래서 고양이를 위한 화장실을 제작했다. 기존에 사용하는 가구들과 디자인을 통일시켜주고, 화장실의 역할 뿐 아니라 수납까지 할 수 있는 디자인으로 제작을 해주었다. 고양이 화장실은 욕실 문 옆 공간에 위치하고 있는데, 일반 가구처럼 제작을 해준 덕분에 집에오는 손님들 모두 고양이 화장실인 것을 뒤늦게 눈치채거나, 전혀 눈치채지 못하곤 한다.

위쪽에는 서랍을 설치하여 아이들 간식을 넣어주며 수납장의 기능도 함께 하고 있고, 상단에 액자와 소품들을 올려두며 데코존으로 활용하고 있다.

이렇게 첫 번째 신혼집을 시작으로 두 번째 신혼집 셀프 인테리어를 진행했다. 아직도 벽지 페인팅을 하며 컬러에 변화를 주기도 하고, 기존의 가구와 소품들을 이리저리 옮기며 스타일을 바꿔주는 등 우리 집 인테리어는 언제나 현재 진행형이다.

누군가는 '힘들게 인테리어를 왜 하냐'고 묻기도 하고, '적당히 대충 살라'고 이야기를 하기도 한다. 하지만 그럼에도 난 오늘도 예쁜 집을 만들기 위해 노력한다. 자택근무를 하며 집에서 대부분의 시간을 보내는 나는 집에 있는 시간이 행복하다. 굳이 카페를 가지 않아도 집에서 마시는 커피 한 잔이 세상 어느 카페의 커피보다 맛있고, 편안하고, 즐겁다. 퇴근해서 돌아온 신랑은 예쁜 집에 들어설 때마다 기분이 좋고, 집에서 편안하게 휴식을 취한다. 그리고 우리 부부는 호프집을 가는 대신 집에서 맥주 한 잔을 즐기며 행복한 시간을 보낸다. 우리에게 집은 카페이자, 호프집이자, 영화관이다. 우리는 집에서 많은 것을 하게 되었고, 자연스럽게 부부가 함께하는 시간도 늘어났다.

많은 사람들이 인테리어를 단기간에 완성하려고 한다. 오늘부터 한 달 안에 잡지에서나 나올법한 예쁜 집으로 변신시켜 보겠다며 야심차게 시작을 하지만 얼마 못 가 포기를 하고, 인테리어는 '힘든 것'이 되어버리고 만다.

인테리어는 하나의 놀이다. 우리 집 창고에 꽁꽁 숨어있던 예쁜 소품을 찾아주는 숨바꼭질이고, 액자가 어울리는 자리를 찾아 이리저리 맞춰보는 퍼즐게임이다. 퍼즐을 잘못 맞추었다면 다시 맞춰주면 되고, 숨바꼭질이 끝났다면 새로운 숨바꼭질을 시작하면 된다. 그렇게 매일 조금씩 인테리어를 즐기다 보면 어느새 우리 가족만의 집이 탄생할 것이고, 우리 가족은 예뻐진 집에서 더욱 행복한 시간을 보내게 될 것이다.

집은 살고있는 사람의 이야기가 담겨있어야 한다. 이야기가 담겨있는 집은 그 어떤 인테리어보다 아름답다. 이 책을 읽은 모두가 세상에 하나뿐인 집, 머물고 싶은 집, 재미있는 집 안에서 가족과 함께 행복하길 기도합니다.

꼼지락 이주부의

내 손으로 하는
홈 스타일링

1판 1쇄 인쇄 2018년 6월 1일
1판 1쇄 발행 2018년 6월 5일

지 은 이 이애경
발 행 인 이미옥
발 행 처 아이생각
정   가 16,000원
등 록 일 2003년 3월 10일
등록번호 220-90-18139
주   소 (03979) 마포구 성미산로 23길 72 (연남동)
전화번호 (02)447-3157~8
팩스번호 (02)447-3159

ISBN 978-89-97466-48-1 (13590)
I-18-05

www.ithinkbook.co.kr

Book · Character · Goods · Advertisement · Graphic · Marketing · Brand consulting

D · J · I
BOOKS
DESIGN
STUDIO

facebook.com/djidesign

D · J · I BOOKS DESIGN STUDIO

D·J·I BOOKS
DESIGN STUDIO

굿즈 ───────────── D·J·I BOOKS
DESIGN STUDIO
캐릭터 2018

광고
J&JJ BOOKS
브랜딩 2014

출판편집
I THINK BOOKS
2003

DIGITAL BOOKS
1999

facebook.com/DJIdesign